# DIE METALLE
# BEI DEN NATURVÖLKERN

MIT BERÜCKSICHTIGUNG

PRÄHISTORISCHER VERHÄLTNISSE

VON

**RICHARD ANDREE.**

MIT 57 ABBILDUNGEN IM TEXT.

LEIPZIG,
VERLAG VON VEIT & COMP.
1884.

Druck von Metzger & Wittig in Leipzig.

# Vorwort und Einleitung.

Die Darstellung und Benutzung der Metalle bei den sogenannten Naturvölkern ist noch nicht im Zusammenhange und mit Rücksicht auf den Vergleich behandelt worden. Und doch bietet dieses Thema nicht allein vom ethnographischen und allgemein kulturhistorischen Standpunkte aus ein hohes Interesse; auch bei der Beurteilung prähistorischer Fragen ist es von Wichtigkeit zu wissen, wie die primitiven Völker zur Kenntnis der Metalle gelangen, wie sie dieselben erschmelzen und benutzen, denn hier eröffnet sich die Aussicht, auf dem Wege der Analogie wertvolle Ergebnisse zu gewinnen.

Wie bei so vielen ethnographischen Dingen, ist es auch auf diesem Gebiete die höchste Zeit, zu sammeln und zu retten, was noch vorhanden ist. Europäische und amerikanische Metalle dringen bei erleichtertem Verkehr bis in die fernsten Erdenwinkel und vernichten altheimische Industrien der Naturvölker. Schon erlegt der centralafrikanische Schwarze den Elefanten mit dem Hinterlader und die weltberühmten Damaszenerklingen von Schiras und Meschhed in Persien werden nur noch aus russischem Eisen geschmiedet. Die einheimische Metallindustrie der meisten Naturvölker ist auf den Aussterbestand gesetzt, sie ist den billigeren und besseren europäischen Erzeugnissen gegenüber nicht mehr konkurrenzfähig, die letzte Stunde naht für sie und noch, so fürchten wir, ist manche wichtige Thatsache nicht eingeheimst, die uns Aufschluß zu geben vermöchte über das ursprüngliche Verfahren in diesem oder jenem Zweige der Metalltechnik. Von den Reisenden, auf deren Berichte wir zum großen Teile angewiesen sind, ist im allgemeinen nur wenig Aufmerksamkeit dem uns hier interessierenden Gegenstande zugewendet worden, einmal, weil die hüttenmännische Einsicht den meisten mangelt und dann, weil die Wichtigkeit der Sache für prähistorische Fragen erst neuerdings erkannt wurde, zumal seit CHRISTIAN HOSTMANN in seiner vernichtenden Kritik der Dreiperiodenteilung mit Erfolg auf die Bedeutung der Metallurgie bei den Naturvölkern hinwies. Wenige Ausnahmen abgerechnet, unter denen einer der genialsten Reisenden der Gegenwart, GEORG SCHWEINFURTH, hervorragt, sind wir meist auf dürftige Berichte angewiesen, die uns das Bild der Darstellung und Benutzung der Metalle bei den Naturvölkern liefern müssen. Wünschenswerte Ergänzungen bringen die in unseren Museen aufgestapelten Schätze.

Sehr wohl ist der Verfasser sich bewußt gewesen, daß bei der Behandlung der so weitschichtigen und in die verschiedensten Wissensgebiete eingreifenden Aufgabe eigentlich nur mit vereinten Kräften etwas vollständiges zu erreichen ist und daß ein einzelner hier nicht zum Abschluß gelangen kann. Geognosie und Geographie, Ethnographie, Hüttenkunde, Chemie, Prähistorie und Linguistik — alle diese Wissenschaften verlangen Berücksichtigung bei der Bearbeitung unseres Themas, und wo wäre der Mann, der von sich sagen dürfte, er beherrsche sie gleichmäßig? Da wird jeder nach seinem Wissensstandpunkte auf Lücken stoßen. Aber doch mußte der Anfang gemacht und das Gebäude wenigstens aus dem Rohen heraus gestaltet werden. So gebe ich denn, was ich fand, als Beiträge, Stoff und Grundlage für den weiteren Ausbau.

Der europäische und der semitische Kulturkreis sind in der vorliegenden Arbeit ausgeschlossen. Was die Metalle innerhalb derselben betrifft, so haben so zahlreiche Gelehrte sich damit beschäftigt und die interessierenden Fragen der Lösung nahe gebracht, daß auch nicht einmal von einer Rekapitulation die Rede sein konnte; auch wird sich im Verlaufe der Darstellung zeigen, daß die Einwirkung jener wichtigsten Kulturkreise unserer Erde auf die Metallindustrie der Naturvölker eine kaum nennenswerte war, ja, daß die letzteren, bis auf die neue, umgestaltende Zeit, fast ganz unberührt von jenen blieben. Dagegen war es des Vergleiches wegen geboten, die ostasiatischen und amerikanischen Kulturvölker in die

Betrachtung einzubeziehen und zu fragen, ob sie von Einfluß auf die Metallurgie benachbarter Naturvölker waren: aber auch jene zeigen in bezug auf die Metalle abgeschlossene Reiche mit geringen oder gar keinen Ausstrahlungen auf die Nachbarn.

Die Metalle, welche wesentlich ins Auge zu fassen waren, sind Eisen, Kupfer, Zinn und die Legierung aus den beiden letzteren, die Bronze. Um diese drehen sich wichtige wissenschaftliche Streitfragen, sie sind es, die in kultureller Beziehung vor allen anderen in Betracht kommen, während die edlen Metalle eine geringere Rolle spielen, auch bei ihnen sich noch kein Streit um „Entlehnung der Kenntnis" erhoben hat, ihr Vorkommen im augenfälligen gediegenen Zustande einen solchen auch unnötig machte.

Geographisch vorschreitend, beginne ich den Rundgang mit den alten Ägyptern, denen neben der Bronze in den ältesten Zeiten zweifellos das Eisen bekannt war. Daß von ihnen die Eisenkenntnis zu den benachbarten Nigritiern gelangte, läßt sich keineswegs mit Bestimmtheit behaupten, eher neige ich der Ansicht zu, daß die Eisenbearbeitung ein durchaus ursprüngliches Gewerbe der Neger ist, die ein „Eisenreich" für sich bilden, von so ausgeprägter Entwickelung, daß neuerdings ein durch wenig Kritik ausgezeichneter Kopf alle Eisenindustrie von den Schwarzen abzuleiten versucht.[1] In Afrika folgte das Eisen direkt auf den Stein und zwar entwickelte sich die Eisendarstellung im Nordosten oder in Centralafrika, von wo sie erst spät nach dem Süden gelangte. Kupfer, wiewohl es auch von den Negern erschmolzen wird, ist nur auf wenige Gebiete beschränkt, von denen aus es auf dem Handelswege verbreitet wird. Es ist höchstens gleichalterig mit dem Eisen bei den Nigritiern, und von einer dem Eisen vorangehenden „Kupferperiode", geschweige denn von einer „Bronzeperiode" kann in Afrika keine Rede sein.

Vorderindien bietet ein abgeschlossenes Reich für sich. Auch hier ist eine Steinzeit nachweisbar und eine Einführung der Metalle

---

[1] *Le fer, comme emploi industriel, est originaire d'Afrique. En effet, c'est en Afrique seulement (!!) que nous rencontrons des peuples sauvages, connaissant l'emploi du fer, sachant le produire et travailler.* Dieser Satz des Herrn Gabriel de Mortillet (Bulletins de la soc. d'Anthropol. 1883. 562) zeigt wiederum die große Oberflächlichkeit des bei uns noch ernst genommenen Mannes.

von außen her nicht zu erkennen. Daß Vorderindien das Stammland aller Bronze gewesen sein soll (Worsaae), erweist sich als eine willkürliche Annahme. Alte Bronzen gehören dort zu den größten Seltenheiten; sie sind von ganz anderer Zusammensetzung als unsere Bronzen und kommen zusammen mit Eisen vor. Vorderindien war in alter Zeit kein „Bronzeland", es bezog selbst im Altertum sein Zinn aus dem fernen Abendlande, denn die reichen und näher liegenden hinterindischen Zinnvorkommnisse waren damals wohl noch kaum erschlossen. Dagegen deuten häufige alte Kupferfunde auf das hohe Alter dieses Metalles in Indien, das heute dort, ebenso wie das Eisen, noch nach uralter Art erschmolzen wird nach Methoden, die in mancher Beziehung an jene der Nigritier erinnern, ohne daß dabei an Entlehnung gedacht zu werden braucht. Ob Eisen, ob Kupfer das ältere Metall in Vorderindien war — wer vermag das heute mit Sicherheit zu entscheiden? Zwar spricht sich die vergleichende Sprachforschung zu Gunsten des Kupfers aus, aber die Sicherheit ihrer Entscheidung läßt manches zu wünschen übrig. Als ein Ausfluß der indischen Metallarbeit ragen in unser europäisches Kulturleben die konservativen Zigeunerschmiede hinein mit uralten Methoden und Instrumenten; ihnen ist eine besondere Betrachtung gewidmet, welche allerdings von des sonst verdienten Bataillard's Phantasien, daß nämlich die Zigeuner die Verbreiter der alten Bronzekultur in Europa waren, nichts wissen mag.

Abermals ein selbständiges metallurgisches Reich bilden die malayischen Völker. Ihr wohlcharakterisiertes, seit uralter Zeit bei ihnen heimisches Verfahren der Eisenbereitung reicht von Madagaskar bis Neuguinea und im Norden bis zu den Philippinen. Eisen ist ihr ältestes Metall. Kupfer, das sie gleichfalls, aber weniger darstellen, erscheint später und ebenso die Bronze.

Hinterindien, von wo die uns angehenden Nachrichten spärlich fließen und wo das Studium der Metalle bei den hochinteressanten Aboriginern des Innern eine dankbare Aufgabe bilden würde, tritt uns mit prähistorischen Zeugen der jüngeren Steinzeit in Gesellschaft von Bronzen entgegen und deutet durch die Verschiedenartigkeit der Methoden, nach denen seine Urvölker (in Kambodja und Birma) das Eisen gewinnen, auf eine selbständige und ursprüngliche Darstellnng desselben, ohne erkennbare fremde Einflüsse.

Für das in seiner Kultur völlig isoliert dastehende China wird bereits vor 3500 Jahren eine hochentwickelte Bronzeindustrie bezeugt und Sinologen sind geneigt, der Bronze dort die Priorität vor dem Eisen zuzuerkennen — ob aber nicht unter dem Einflusse skandinavischer Anschauungen? Eisen ist in der älteren chinesischen Litteratur neben Zinn und Kupfer gleichfalls ein durchaus bekanntes Metall und die chinesische Eisendarstellung erscheint uns noch jetzt als eine ganz eigentümliche, von der aller übrigen Völker völlig geschiedene und selbständige. Daß aber die Chinesen, die in so vielen Dingen die Lehrmeister der Japaner gewesen, letzteren auch die Eisenkenntnis übermittelt haben sollten, läßt sich kaum annehmen: denn Japan zeigt in dieser Richtung ein ganz anderes Verfahren als China, nämlich die Eisenschmelzung in Öfen, während China bis zum heutigen Tage nur in kleinen Schmelztiegeln sein Eisen gewinnt. Für China sind die prähistorischen Verhältnisse noch wenig oder gar nicht studiert, wiewohl wir wissen, daß auch dieses Land seine Steinzeit hatte; in Japan aber, wo Europäer einflußreich wirken und Gelegenheit zu Studien haben, erkannte man die große Ähnlichkeit der dortigen vorgeschichtlichen Funde mit jenen Europas, die Übereinstimmung der zugehauenen und polierten Steingeräte, gesellt mit Bronzen, welche letztere man auch in Japan für älter als das Eisen anspricht.

Licht beginnt sich zu verbreiten über den Norden Asiens in prähistorischer Zeit. Nicht alle sibirischen Völkerschaften befanden sich, als die russischen Entdecker in das Land kamen, im Zustande der Steinzeit; einzelne Stämme verstanden es bereits, das Eisen zu reduzieren und zu schmieden, wohl als ein Erbteil türkischer Völker, die, aus Centralasien kommend und als Eroberer eindringend, die Eisenkunde mitbrachten. Aber lange vor den eisenkundigen Türkvölkern hatten vom Ural bis zum Altai finnische Stämme, die in der Tradition als „Tschuden“ fortleben, eifrig Bergbau und Metallschmelzerei betrieben. Kupfer war ihr Hauptmetall, das sie zu schmelzen und gießen verstanden. Neben dem Kupfer der Tschuden und dem Eisen der Türken erhielt sich aber im fernen Osten der alten Welt, da, wo diese sich Amerika nähert, die Steinzeit, welche erst den erobernden Russen wich und bei den Tschuktschen in ihren letzten Ausläufern heute vor unseren Augen dahinsiecht.

Nicht geleugnet kann werden die Einheit des Menschen in der alten und neuen Welt. Aber die Differenzierung beider liegt so weit zurück, daß von einer gemeinsamen Quelle ihrer beiderseitigen Metallkenntnisse keine Rede sein kann. Oder, wenn man grundlos diese Kenntnis von der alten nach der neuen Welt gelangen ließ, warum dreht man, mit gleich gutem Grunde, die Sache nicht einmal um und läßt die Inkaperuaner die Bronzelehrmeister der Asiaten werden? Das gäbe doch Abwechselung. Auch in der neuen Welt zeigen sich die „Metallreiche" unabhängig von einander. Eisen kannte man im vorkolumbischen Amerika nicht, wenigstens kein künstlich dargestelltes; aber Meteoreisen wurde wiederholt, so namentlich von den Eskimos, benutzt und auf ähnlicher Stufe stand auch die Anwendung des gediegenen Kupfers in Nordamerika. Es wird von den Indianern wie weicher Stein verarbeitet und kennzeichnet höchstens die Grenze zwischen Stein- und Metallzeit. Der große Kulturfortschritt, die Erze mit Kohlen zu reduzieren und die Metalle im Feuer zu behandeln, ist dreimal in Amerika gemacht worden: in Mexiko, in Cundinamarca und in Peru, stets aber selbstständig und unabhängig von einander. In Mexiko war Kupfer das Hauptmetall, seltener war Bronze und beide wurden noch neben dem Stein benutzt, im ganzen auch, wie die spärlichen Funde beweisen, nicht häufig. Weiter war man in bezug auf die Bronze in Peru, wo umgekehrt die Kupfergeräte seltener sind. Alle metallurgischen Arbeiten dieser amerikanischen Kulturvölker wurden ohne Gebläse ausgeführt. Die Analysen der Bronzen ergeben eine große Verschiedenheit in der Zusammensetzung und keinerlei Übereinstimmung zwischen mexikanischen und peruanischen Erzeugnissen.

In alle die hier aufgezählten Länder, den größeren Teil unserer Erde, brauchten die Europäer nicht erst die Metalle zu bringen, weil sie selbständig dort entdeckt und verarbeitet worden waren. Das Eisen freilich haben sie in Amerika eingeführt; der Nordwesten erhielt es ziemlich spät durch die Russen, in die übrigen Gebiete hatten sich Spanier, Portugiesen und Briten geteilt. Den Peruanern und Mexikanern war dasselbe nur „schwarzes Kupfer". Metalllos war die Südsee, deren zahlreiche Inselfluren sich über ein Gebiet von hundert Längengraden erstrecken und wo zunächst die Spanier mit der Verbreitung des Eisens begannen. Aber volle drei Jahrhunderte hat hier der Prozeß der Metallverbreitung in Anspruch genommen, denn erst das achte Jahrzehnt unseres Säkulums sah den Abschluß auf Neuguinea, dessen Bewohner die letzten unseres Erdballes waren, welche in die Metallkenntnis eingeführt wurden.

Überblicken wir alle Gebiete, die wir mit Rücksicht auf die Metalle durchwandert haben, so vermögen wir wohl eine große Abwechselung, nirgends aber die „gesetzmäßige Reihenfolge“ von Stein, Bronze, Eisen zu entdecken. Bei den Naturvölkern, die wir jetzt in ihrem Verhalten zur Metalldarstellung zu übersehen vermögen, ist kein Grund für die Anlegung einer solchen Zwangsjacke vorhanden. Die thatsächlichen Verhältnisse lassen da nichts Schablonenhaftes erkennen. Hat es doch schon an und für sich wenig Wahrscheinlichkeit, daß alle Völker in den verschiedensten Ländern und ganz unabhängig, ohne Verkehr mit einander, zu derselben Reihenfolge in der Erfindung der Metalle gelangt sein sollen: Kupfer, Zinn, Bronze, Eisen. Wir werden im Verlaufe der Darstellung sehen, daß gediegenes Kupfer, wo es vorhanden, von Naturvölkern im kalten Zustande zu Waffen und Geräten gehämmert wird; auch metallisches Zinn ist durch zufälliges Ausschmelzen bekannt geworden. Doch zur Mischung der beiden räumlich getrennten und nur durch den Verkehr zusammengeführten Metalle, zu ihrem kunstreichen Formen und Gießen gehört mehr, als im Durchschnitt bei Naturvölkern verlangt werden kann. Die Bronzedarstellung ist nicht so einfach und leicht, wie jene des Eisens, welches die primitivsten Völker zu erschmelzen wissen, während Bronze stets mit einem höheren Kulturgrad verknüpft ist. Daraus mag man sich die Parallele für unsere europäischen Vorfahren ziehen, die in ihrem primitiven Zustande sicher eher auf die Eisendarstellung, als auf das Komponieren und Formen der Bronze verfielen.

Eine zweite Lehre, die wir aus dem Verhalten der Naturvölker gegenüber den Metallen zu ziehen vermögen, betrifft die so beliebten Entlehnungstheorien. Wieviel Mühe und Gelehrsamkeit ist nicht aufgewendet worden, um die Metallkenntnis von einem Mittelpunkt gleichsam konzentrisch ausgehen, sie durch ein Volk zum anderen verbreiten zu lassen! Man braucht nur einmal die verschiedenen nach und nach aufgestellten „Ursprungsquellen“ und „Lehrmeister“ zusammenzustellen und man wird da auf eine beträchtliche Anzahl

Konkurrenten und auf die wunderlichsten Widersprüche stoßen. Ich glaube, daß auf die Entlehnung und das Übergehen der Metallkenntnis von einem Volke auf das andere noch zuviel Gewicht gelegt wird und daß dadurch weit schwierigere Verhältnisse künstlich geschaffen werden, als in der That vorliegen. Ohne für viele Fälle das Entlehnen und Lernen auszuschließen – sie liegen zu häufig offenkundig zu Tage –, meine ich doch, daß uns ein gesunder Polygenismus weiter bringt, der die Metalle auch da erfunden sein läßt, wo sie in selbständiger Weise uns entgegentreten.

Leipzig, im Februar 1884.

**Dr. R. Andree.**

# Inhalt.

# Verzeichnis der Abbildungen.

## Das Eisen bei den Nigritiern.

Eisen den Altägyptern bekannt. Wenn auch neuerdings Zweifel geäußert worden sind, ob die alten Ägypter das Eisen gekannt hätten[1], so sind doch solche Zweifel hinfällig gegenüber den thatsächlichen Funden von altem Eisen in den Monumenten jenes Volkes. Eisen existierte bereits vor 5000 Jahren, zur Zeit als die große Pyramide gebaut wurde; ja, es war damals, wie Lepsius sagt, „im gewöhnlichen Gebrauche". Ein Stück davon, das beim Bau jener Pyramide verwendet wurde, ist 1835 aufgefunden worden, eine 14 cm lange und 5 cm breite Schabklinge, welche, luftdicht verschlossen, sich bis auf unsere Tage erhalten hat.[2] Schon Wilkinson hat darauf hingewiesen[3], daß in den Gräbern von Theben Fleischer dargestellt sind, die ihre Messer an einem runden Metallstabe schärfen, der an ihrer Schürze hängt; die blaue Farbe der Klingen und die Unterscheidung von Bronze- und Stahlwaffen im Grabe Ramses' III., die einen rot, die anderen blau gemalt, lassen wenig Zweifel darüber, daß die Ägypter der frühen pharaonischen Zeit mit dem Gebrauche des Eisens vertraut waren, eine Beobachtung, welche in bezug auf die polychrome Behandlung der die Metalle darstellenden Hieroglyphen (rot = Kupfer, grün = Bronze, blau = Eisen) von Ebers[4] und Lepsius bestätigt wird.

Die Inschriften belehren uns vollkommen über das Vorkommen und den Gebrauch des Eisens in der ältesten Zeit in Ägypten. Die Reihenfolge der Metalle und einiger Mineralien, die auf den Denkmälern befolgt wird, ist dort: Gold, Silber, Lasurstein, Malachit, Kupfer und Men. Dieses Men nun ist, wie Lepsius gezeigt hat[5],

[1] Soldi in Bull. soc. d'Anthropol. 1881. 34 ff.

[2] Lepsius in Verhandl. Berliner Anthropol. Ges. 1873. 63. 64.

[3] Manners and Customs of the ancient Egyptians. III. 247.

[4] Zeitschrift f. ägyptische Sprache 1871. 19.

[5] Die Metalle in den ägyptischen Inschriften. 102. Abhandlungen der Berl. Akad. der Wissenschaften 1871.

die älteste Bezeichnung für Eisen. Es werden daraus Geräte gefertigt, Helme und Panzer wenigstens teilweise, auch Waffen. In der späteren Zeit wird das Eisen dann *tehset* genannt und zu Thürschlössern, Beschlägen und ähnlichen Geräten verwendet. Man erhielt es aus Persien, von einer Insel Mas und einem Orte Bektot. Trotzdem meint LEPSIUS, daß die Entdeckung der Eisengewinnung sehr wohl von Ägypten ausgegangen sein könne, da das Material dazu genügend vorkomme und auch eine alte Eisenerzmine nachgewiesen worden sei.[1]

Eisen war ja außerordentlich früh auch bei den Nachbarvölkern der Ägypter im Gebrauch und „es ist klar, daß auch die Ägypter es noch viel früher, als bei jenen nachzuweisen ist, gekannt und allgemein angewandt haben werden". LEPSIUS sieht auch im gehärteten Eisen den Stoff, mit welchem die Ägypter den Granit bearbeiteten, „doch ist es sehr bemerkenswert, daß in allen Darstellungen des alten Reiches blau gemalte Instrumente kaum nachzuweisen sein dürften". Daraus geht, nach ihm, wenigstens hervor, daß das Eisen im alten Reiche sehr viel weniger im Gebrauche war und überall, wo es nicht wegen seiner Härte unentbehrlich war, durch das Erz ersetzt wurde.[2]

Über die Prioritätsfrage zwischen Eisen und Kupfer, resp. Bronze in Ägypten läßt sich LEPSIUS nicht näher aus, wiewohl er geneigt scheint, das Kupfer für älter anzusehen, was auch dadurch Bestätigung erhält, daß das Wort für Eisen durch das Zeichen für Kupfer, einen Schmelztiegel, determiniert wird.

Die alten Ägypter kannten also das Eisen, wiewohl die meisten Dinge des täglichen Gebrauches, die sich massenhaft in unseren Museen befinden, von ihnen aus Bronze dargestellt wurden. Von LAUTH ist die Ansicht aufgestellt worden, daß das erste Eisen, welches die Ägypter zu Geräten verarbeiteten, meteorischen Ursprungs gewesen sei. Mit Anlehnung an das koptische *benipe (ferrum)*, in dem der erste Bestandteil das altägyptische *ba* ist, sucht er nachzuweisen, daß letzteres Eisen bedeutet. Er fand es mit dem Zusatze *ne-pe*, des Himmels, somit Metall des Himmels, meteorisches Eisen.[3] So verführerisch dieses aber auch klingt, so läßt sich hier-

---

[1] WILKINSON, Manners and Customs. III. 246. It lies in the eastern desert, between the Nile and the Red Sea, at a place called Hammámi, and was discovered by my friend Mr. Burton, who visited it in 1822 and found the metal to be in the form of specular and red iron ore.

[2] LEPSIUS a. a. O. 107. 112.

[3] „Altes Eisen." Allgemeine Zeitung, 12. Januar 1868.

gegen doch manches einwenden, wie denn andere Völker, die das Meteoreisen zu Messern etc. verwendeten (z. B. die Eskimo) dadurch auch nicht zur Gewinnung desselben geführt wurden. Was an sonstigen Gründen gegen die Ansicht, der Mensch sei durch die Benutzung des Meteoreisens zur Fabrikation des künstlichen Eisens gelangt, gesagt werden kann, hat L. Beck zusammengestellt[1] und mag hier einfach darauf verwiesen werden.

Ausbreitung der Eisenkenntnis in Afrika von Nord nach Süd. Es liegt nahe die Frage aufzuwerfen: Haben die Neger von den Altägyptern die Darstellung des Eisens erlernt? Wir wollen dieselbe nicht absolut bejahen, da es uns ganz denkbar erscheint, daß die schwarzen Afrikaner selbständig auf diese Entdeckung gekommen sind, wofür die große Verbreitung und Bodenständigkeit dieses Zweiges der Metallurgie bei ihnen spricht; aber es sind trotzdem Anzeichen vorhanden, welche einen uralten Einfluß der ägyptischen Kultur und damit der Eisenkenntnis auf die südlicher wohnenden Nigritier glaubhaft machen. Wer die Abbildungen in Schweinfurths Reisewerk und in dessen Artes africanae aufmerksam betrachtet, wird betroffen werden über die Übereinstimmung mancher Geräte und Waffen der Neger mit jenen der Altägypter. Da finden wir die Nugaratrommeln bei den Dinka genau so wie auf den Monumenten; Haarnadeln und Löffel der Bongo und der Altägypter sind fast identisch und wie diese ehemals die Schalen der Anodontamuschel als Löffel benutzten, so jene noch heute. Im hohen Grade auffallend ist die Übereinstimmung eines Kundih genannten Saiteninstrumentes bei den Niam-Niam mit einem ganz gleichen Instrumente, einem Mittelding zwischen Harfe und Laute, bei den Ägyptern. Der guitarreartige Resonanzboden, die harfenartig gespannten Saiten, die Wirbel, alles ist hier wie da.[2] Harfen und Lauten stimmen ja in ihrer Form bei verschiedenen Völkern und in verschiedenen Zeiten recht gut miteinander überein — das merkwürdige ist aber hier die identische Wiederholung eines alten zwitterhaften ägyptischen Instrumentes bei den menschenfressenden Niam-Niam von heute und es wird schwer, hier von dem Gedanken einer Entlehnung in alter Zeit abzusehen. Demgegenüber muß aber auch nachdrücklich hervorgehoben werden, daß eine Menge Kultureinrichtungen, die den Negern bei den Altägyptern zu Gebote standen, nicht adoptiert wurden;

[1] Das Meteoreisen in technischer und kulturhistorischer Beziehung. Arch. f. Anthropol. XII. 297 (1880).

[2] Schweinfurth, Artes africanae Taf. XIV. Fig. 5—7 und Wilkinson, Ancient Egyptians II. 287.

ich erinnere nur an die Drehscheibe, die in Ägypten bekannt, bei den Negern fehlt, wie wohl letztere aus freier Hand Thongefäße von schönster Symmetrie bilden. Dagegen deuten wieder auf eine Anlehnung an Ägypten die altägyptischen Blasebälge, die in ähnlicher Form noch heute über ganz Afrika verbreitet sind. Solche Blasebälge aus der Zeit des PHARAO THUTMES III. haben sich in Abbildungen (Fig. 1) erhalten[1]; sie wurden paarweise abwechselnd mit den Füßen getreten und dann mit den Händen wieder aufgezogen und waren auch bei den Hebräern im Gebrauche.[2] Die Pfeifen und Düsen daran, sowie die einfache Herstellung aus Lederschläuchen entsprechen ganz den weiter unten noch häufig zu er-

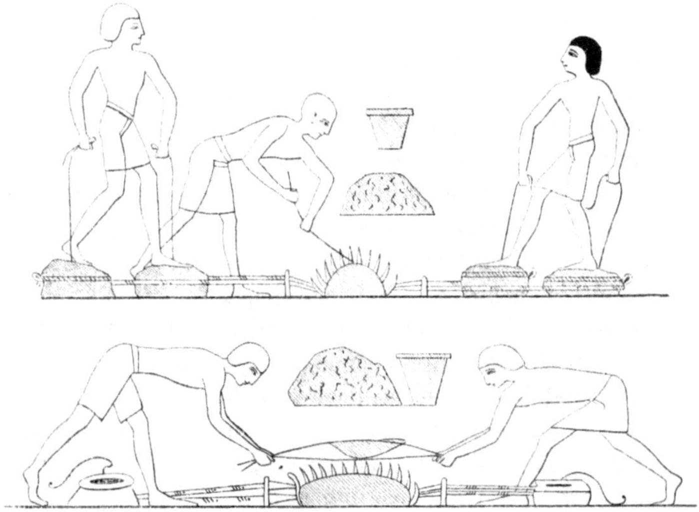

Fig. 1. Altägyptische Blasebälge. Nach WILKINSON.

wähnenden Negerblasebälgen. Auch bei den Schmieden im heutigen Ägypten sind sie noch im Gebrauche.[3]

Die Steinzeit Afrikas. Will man für die Nigritier annehmen, daß sie nicht selbständig die Kunst, das Eisen herzustellen, erfunden, so lassen sich für eine Einführung dieser Kunst noch die Phönizier als Lehrherren oder später die Alexandriner annehmen, welche die Ostküste und die Häfen am Roten Meere beschifften. Wie wir aus dem Periplus des Erythräischen Meeres ersehen[3], wurden im ersten Jahrhundert unserer Zeitrechnung (in welche der Periplus gesetzt wird)

---

[1] WILKINSON a. a. O. III. 339. [2] Jeremias 6, 20.

[3] KLUNZINGER, Bilder aus Oberägypten. Stuttg. 1877. 13.

[4] Editio FABRICIUS. Leipzig 1883. 42.

in Adulis und anderen Küstenplätzen neben anderen Waren eingeführt Messing (ὀρείχαλκος), das man zum Schmuck und zerschnitten statt Münze gebrauchte, Kupferbarren, „sowohl zum weiteren Schmelzen, als auch zum Zerschneiden für Arm- und Schenkelbänder für manche Frauen" und Eisen, das zu Lanzen gegen die Elefanten und andere wilde Tiere, wie gegen die Feinde verwendet wird. Ebenso importierte man kleine Beile, Holzäxte, Dolche etc., wofür dann im Tausch Elfenbein, Schildkrot und Rhinozeroshorn gegeben wurden. Daraus ergiebt sich, daß zu jener Periode die Metallindustrie bei den nordöstlichen Afrikanern, den heutigen Nubiern und Abessiniern, noch nicht so vorgeschritten sein konnte, daß sie den einheimischen Bedarf an Metallgegenständen deckte. Daß in jenen früheren Perioden aber noch Steingeräte bei den Afrikanern im Gebrauch waren, läßt sich aus historischen Quellen nur spärlich belegen. Diodoros Siculus[1] (erstes Jahrhundert vor Chr.) spricht von Schleudersteinen der Libyer. Ob die Lanzen, welche dieser Schriftsteller an der genannten Stelle erwähnt, eiserne oder steinerne Spitzen hatten, ist nicht ersichtlich. Dagegen findet sich beim Agatharchides eine Stelle[2], in welcher Pfeile mit steinernen Spitzen sehr genau geschildert sind. Sie lautet: „Es bedienen sich in Kriegsgefahren die Äthioper grosser Bogen, aber kurzer Pfeile; an der Spitze des Rohrstabes ist anstatt des Eisens ein seiner Gestalt nach länglicher Stein befestigt, der durch Sehnen festgebunden ist, übermäßig spitz und in tötliches Gift getaucht." Strabo erzählt von den Sumpfbewohnern am Weißen Nil, daß sie sich „angesengter Pfeile" bedienen, worunter wohl solche von Holz zu verstehen, die durch Ankohlen der Spitze gehärtet sind, und von den „plattnasigen Äthiopiern" sagt er, daß sie die Antilopenhörner als Waffen gebrauchen.[3]

Die Steinzeit der Afrikaner läßt sich, abgesehen von diesen historischen Nachrichten, noch auf zweierlei Art beweisen: erstens durch die Überlebsel aus derselben, zweitens durch die Funde von alten Steingeräten.

Zu den Überlebseln rechne ich die Kornreibsteine, die noch überall im Gebrauche sind, die Verwendung von Steinen zu Hammer und Ambos beim Schmieden, die Verwendung von Knochen zu Pfeilspitzen bei den Buschmännern, die Benutzung knöcherner Schaufeln (aus dem Schulterblatte des Elefanten) zum Ackerbau bei den Jang-

[1] III. 49, 4.
[2] II. 19 in Karl Müller's Geographi graeci minores. Par. 1855.
[3] Strabo 771. 772. ed. Casaub.

bara im Westen von Gondokoro[1], die Pfeilspitzen aus hartem Holze neben solchen aus Eisen im Reiche des Muata Jamwo.[2]

Auch Traditionen aus der Steinzeit sind noch vorhanden. In einem Hereromärchen, das unserem deutschen „Was geschenkt ist, bleibt geschenkt" entspricht, hat das kleine Mädchen vom Vater ein Beil geschenkt erhalten. Damit geht es aus und trifft Burschen, die damit beschäftigt sind, Honig auszunehmen, „und um dieses thun zu können, mußten sie die Bäume mit Steinen fällen. Und es sprach zu ihnen: Ihr Söhne unseres Hauses, warum gebraucht ihr doch Steine, um den Honig herauszunehmen? Weshalb sagt ihr denn nicht, unsere Erstgeborene, gieb uns das Beil?"[3] Eine Geschichte, die sicherlich eine Erinnerung an die Steinzeit der Herero bewahrt.

Was zweitens die Funde aus der Steinzeit selbst betrifft, so habe ich ein reichliches Material zusammengestellt[4], welches deren einstige Verbreitung über den ganzen Kontinent darthut. Die Steinzeit läßt sich auch für Ägypten nicht mehr leugnen. Der ganze Norden von der Oase Kufra im Osten bis zu der großen von Marokko nach Timbuktu führenden Karawanenstraße im Westen weist Funde von Steinwaffen und Geräten auf. Algerien, Marokko sind reich daran. Sie sind aus Oberguinea, sehr reichlich aus Südafrika, aus dem Somalland und Centralafrika bekannt, wiewohl die Berichte aus dem letzteren noch spärlich lauten, selbstverständlich aus Mangel an Beobachtung.[5]

Wie bei uns in Europa zeigen die Funde der Steinzeit Afrikas auch Entstehung in verschiedenen Epochen; alte Geräte vom Typus der Driftfunde und neuere, polierte aus anscheinend späterer Zeit mit verschiedenen Übergängen sind vertreten. Wunderbar ist die Übereinstimmung nach Material und Form der afrikanischen mit den europäischen Geräten und Waffen; dieselben Äxte, Schaber, Meißel, Speer- und Pfeilspitzen, die Sägen, Späne und Nuclei werden gefunden; auch „Ateliers" sind vorhanden und vom Material wird, wie anderwärts, der Feuerstein bevorzugt wegen seiner Härte und leichten Bruchfähigkeit. Daneben sind Basalte, Grünstein, kieselreiche Sandsteine u. s. w. benutzt.

---

[1] Morlang, in Petermann's Mittheil. Ergänzungsband II. (122).

[2] Pogge, Muata Jamwo. Berlin 1880. 238.

[3] Bleek, Reinecke Fuchs in Afrika. Weimar 1870. 71.

[4] Die Steinzeit Afrikas. Globus XLI. 169 ff.

[5] Durchbohrte Steine vom Tanganjikasee beschreibt Hore in Proc. Roy. geogr. Soc., 1882. 7. Durchbohrte Porphyrsteine, die Zauberkraft besitzen sollen und deren ursprüngliche Verwendung den Leuten bereits unbekannt war, Livingstone in Centralafrika. (Letzte Reise, deutsche Ausgabe I. 271.)

Am allerreichlichsten sind die Steinobjekte aber in Südafrika vertreten; hier haben wir auch die lebendige Tradition aus der Steinzeit gefunden, hier benutzt der Buschmann noch Steingeräte beim Ackerbau; nach allem zu schließen, hat gerade in Südafrika die Steinzeit am längsten gedauert, ist hier am spätesten die Kunst, das Eisen zu schmelzen, zur Ausübung gekommen. Zwar meint O. Schrader[1]: „Jedenfalls muß das Eisen im südlichen Afrika am ersten bekannt gewesen sein", allein er weiß dafür keinen anderen Beweis anzuführen, als daß die Bachapin, ein Kaffernstamm, alle Metalle vom Standpunkte des Eisens *tsipi* aus benennen, nämlich Gold *tsipi e tseka* gelbes Eisen, Silber *tsipi e shu* weißes Eisen, Kupfer *tsipi e kubila* rotes Eisen. Dieses zeigt jedoch nur, daß ihnen unter den Metallen das Eisen am frühesten bekannt war, beweist aber nichts dafür, daß zuerst Südafrika das Eisen kannte.

Gerade das Gegenteil war der Fall, wofür außer den in Südafrika am lebendigsten vorhandenen Traditionen aus der Steinzeit und den reichsten Funden aus derselben noch die Berichte der ersten europäischen Händler sprechen. Die am Kap und überhaupt im Süden wohnenden Stämme warfen sich nämlich mit Begierde auf das ihnen zugeführte europäische Eisen, was nicht der Fall gewesen wäre, wenn die heimische Eisenindustrie irgendwie entwickelt gewesen wäre. An der Westküste, nördlich vom Kap, traf 1598 John Davis (an der Saldanha Bai) auf viehzüchtende Hottentotten. Für ein Stück von einer alten eisernen Schaufel erhielt er ein fettes Schaf oder einen Ochsen; doch bereits sechs Jahre später, 1604, klagt Nicholas Daunton, Kapitän des Schiffes „Pepper Corne", daß dieser schöne Zustand der Dinge, der Verkauf eines *beife for a piece of an iron hoope of fourteen inches long and a sheepe for a lesser piece* zu Ende sei, da die Holländer *by their ouer much liberalitie* den Markt verdorben hätten.[2]

Das deutet doch alles auf eine späte Einführung der Eisenschmelzkunst im Süden. Dazu nehme man die lebendige Tradition, in der selbst von Messern aus der Rinde des Zuckerrohres die Rede ist, welche ähnlich wie Bambussplitter benutzt wurden.[3]

Auch auf der Insel Fernando Po ist das Eisen erst durch die Europäer (entdeckt 1471 durch Fernao do Po) bekannt geworden. „Mir wurde mitgeteilt," erzählt Konsul Hutchinson, „daß an einem

[1] Sprachvergleichung und Urgeschichte. Jena 1883. 218 Anm.

[2] Purchas, Pilgrims I. 118. 133. 275. 417.

[3] Sanderson im Journ. Anthropol. Instit. VIII. 17 (1879).

Orte mit Namen Bassakatu, bei Ballilipa, der König noch Steinäxte aufbewahre. Mit diesen Geräten spaltete man Holz oder hieb die Palmnußbündel von den Bäumen ab, ehe man dort das Eisen kannte. Dieses Metall lernten sie zuerst im Austausch von Früchten und Vieh gegen unsere Schaufeln kennen bei den frühesten Besuchen europäischer Händler auf ihrer Insel. Jetzt sind sie zur Kultur der Birminghamäxte, Messer und Beile vorgeschritten, welche sie im Tauschhandel gegen Yams und Palmöl erhalten."[1] Dabei hat aber der Kontinent seit langem das Eisen gekannt.

Aus allem diesem scheint mir soviel hervorzugehen, daß die Kenntnis der Eisengewinnung in Afrika von Nordosten nach Süden und Westen vorrückte und ohne irgend eine Zwischenperiode der Steinzeit folgte. In der That treffen wir auch bei den Völkern im Gebiet des Nil und bei den benachbarten Stämmen die Eisenindustrie am höchsten entwickelt, weil dort wohl am ältesten. Ich will es nun versuchen, einen Überblick über den Stand und die Ausbreitung der Eisenfabrikation in ganz Afrika zu geben, wobei ich in geographischer Reihenfolge verfahre. Wiederholungen lassen sich dabei nicht vermeiden, aber es liegt mir daran, das Material zusammenzubringen, um damit auch anderen zu einem möglichst genauen Einblick zu verhelfen. Vorausgeschickt werde mögen, daß Eisenerze, die bei niedriger Temperatur geschmolzen werden, kein Gußeisen liefern, sondern ein unreines Schmiedeeisen. In unseren europäischen Hochöfen, wo eine große Hitze erzeugt wird, sickert das ausgeschmolzene gekohlte Eisen im dünnflüssigen Zustande in den Herd des Ofens und wird hier „abgestochen", d. h. es läuft, nachdem das Öffnungsloch des Herdes frei gelegt ist, in einem Strome heraus. Das so gewonnene und in Sandformen abgekühlte Eisen ist sprödes, nicht schmiedebares Gußeisen (Roheisen). Anders bei dem ursprünglichen und von den Naturvölkern angewendeten Verfahren, wo nicht so große Hitze erzeugt wird und eine andere Art Eisen entsteht, ein nur weiches, nicht flüssiges Schmiedeeisen, das am Grunde des Ofens mit Schlacke und Kohle vermischt als „Stück", „Luppe" oder „Wolf" sich absetzt und das dort herausgenommen werden muß.

Eisenindustrie im Gebiete des Nil. Den Schmied bei der Arbeit am blauen Nil in Sennar hat Marno abgebildet[2], doch lassen die Zange und die Form des Hammers, beide europäischer Gestalt, hier bereits auf fremden Einfluß schließen, da der Afrikaner sonst

[1] Hutchinson, Western Africa. London 1858. 192.

[2] Reise im Gebiete des Blauen und Weißen Nil. Wien 1874. 33, Taf. 2.

erstere durch ein Stück gespaltenes Holz ersetzt und an Stelle des Hammers einen Stein oder ein konisches Stück Eisen ohne Stiel anwendet. Nach der von MARNO gegebenen Abbildung schließen die Blasebälge hinten mit einer Klappe.

Bei den Bari unter 5° nördl. Br. am Weißen Nil sind die Wanderschmiede eine verachtete Pariakaste, dennoch aber den Schwarzen unentbehrlieh. „Aus eisenhaltigem Kies, der vielfach in diesen Ländern oberflächlich zu finden ist, wird das Roheisen auf höchst einfache Art gewonnen; sehr primitiver Art sind auch die Blasebälge, deren sich die Schmiede bedienen. Zwei thönerne Gefäße,

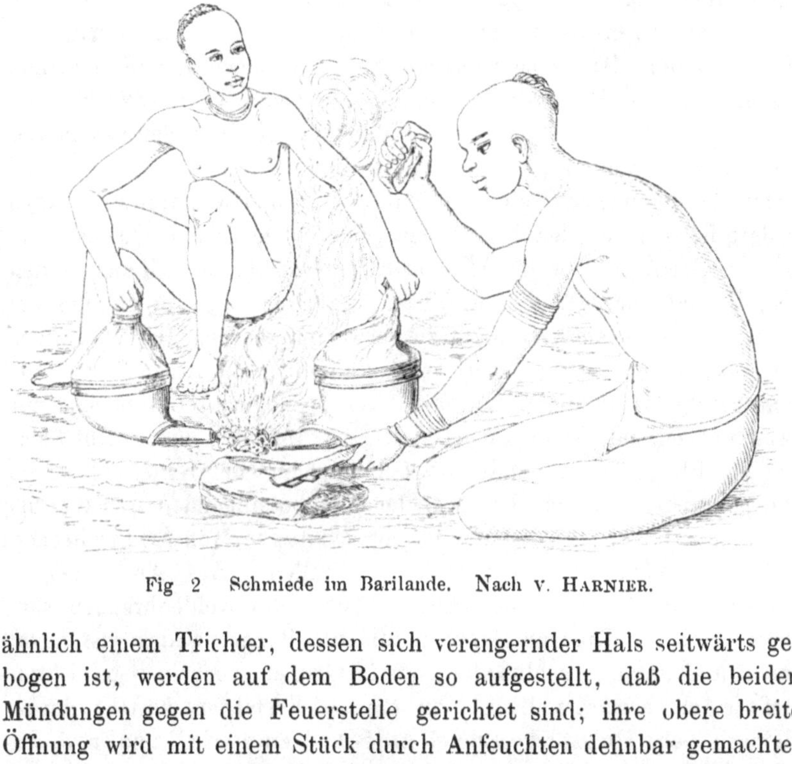

Fig 2 Schmiede im Barilande. Nach v. HARNIER.

ähnlich einem Trichter, dessen sich verengernder Hals seitwärts gebogen ist, werden auf dem Boden so aufgestellt, daß die beiden Mündungen gegen die Feuerstelle gerichtet sind; ihre obere breite Öffnung wird mit einem Stück durch Anfeuchten dehnbar gemachter Tierhaut, in der Mitte mit einer Handhabe versehen, fest zugebunden. Durch rasches Auf- und Niederbewegen dieser Haut und das dadurch entstehende Ein- und Ausströmen der Luft durch die Mündung am Feuer wird ein doppeltes Gebläse und die nötige Hitze bewirkt. Das von Natur äußerst weiche, so glühend gemachte Eisen wird von dem Schmiede auf einem als Ambos dienenden Stein mit einem den Hammer ersetzenden zweiten Stein geschmiedet, indem er es mit einer leichten Zange handhabt (Fig. 2). Das Stählen und Schweißen des Eisens ist nicht bekannt.“[1] Genau so sind die Schmiedevorrichtungen weiter östlich bei der Latuka.[2]

Hochentwickelt ist die Eisenindustrie im Bar el Ghasalgebiete an den westlichen Zuflüssen des Weißen Nil, zwischen 3° und 8° nördl. Br. und 26° und 30° östl. L. v. Gr., wo wir auf fast durchweg eisenhaltigem Boden uns befinden. Hier läßt sich mit einigen geringen Abwechselungen bei bald größerer, bald geringerer Geschicklichkeit eine vorgeschrittene und im ganzen sich gleich bleibende Weise der Eisengewinnung nach Art der alten Rennarbeit nachweisen.

Zwischen 7° und 8° nördl. Br. und 28° und 29° östl. L. v. Gr. wohnt das Volk der Djur. Ihr Land ist die unterste Terrasse des eisenhaltigen ostafrikanischen Felsbodens; auf Hunderte von Meilen ist dort der Raseneisenstein verbreitet, doch nur an einzelnen Stellen sind die Brauneisensteinaggregate genügend zur Verhüttung vorhanden. An der Hauptseriba Kurschuk Alis sah Schweinfurth bei einer solchen ausgiebigen Stelle ausgedehnte Gruben von drei Meter Tiefe angelegt, aus welchen die Djur ein Material zu tage förderten, welches der bei uns Rogenstein genannten Varietät am meisten gleicht. Große Mengen von Eisenocker finden sich dazwischen überall eingesprengt; diesen werfen die Djur weg, da sie ihn bei ihrer Behandlungsmanier nicht zu verwerten wissen. Im März, kurz vor Beginn der Aussaat, verlassen die Djur ihre Hütten, um teils zum Fischfang an die Ufer der Flüsse zu ziehen, teils um sich mit Erzschmelzen im Walde zu beschäftigen. Inmitten eines recht holzreichen Platzes formt man die Schmelzöfen aus reiner Thonerde und gruppiert sie nach der Zahl der sich beteiligenden Arbeiter bis zu einem Dutzend hintereinander an schattigen, von Strauchhecken und Dornumfriedigungen umgebenen Stellen. Das Ausschmelzen des Erzes erfolgt mit Holzkohlen. Allein auf Kohlenbrennen verstehen sich die Djur ebensowenig als die Bongo, weder wissen sie den Brand unter Abschluß der Luft in Gruben, noch in regelrechten Meilern zu bewerkstelligen; ihr ganzes Verfahren besteht darin, kleingehauene Holzstücke schnell in Brand zu stecken und in vollen Flammen auseinanderzuwerfen, bis das Feuer erstickt, oder sie dämpfen das Feuer nur durch Aufgießen von Wasser; das werden dann die Kohlen. „Mir ist nicht bekannt,“ sagt Schweinfurth, dem wir obige Nachrichten über die Eisengewinnung der Djur verdanken, „ob andere Negervölker hinter die Geheimnisse der Kohlenbrennerei

[1] Wilhelm v. Harnier's Reise am oberen Nil. Darmstadt 1866. Taf. XIX.
[2] S. W. Baker, Der Albert Nyanza. Jena 1867. I. 182.

gelangt sind. Sollte das von den Djur gesagte für ganz Afrika gelten, so könnte man hierin leicht eine Erklärung finden für die merkwürdige Erscheinung, daß das Eisen trotz seiner ungeheuren Massenhaftigkeit in Afrika bisher noch von keinem Volke daselbst im großen gewonnen wurde. Allerdings fehlt es an Kalk, um steinerne Bauten aufführen zu können."[1] Wir werden jedoch weiter unten sehen, daß regelrechte Meiler bei den Negern vorkommen.

Fig. 5 zeigt den Grundriß des Schmelzofens der Djur mit vier Zuglöchern zur Einfügung der Düsen, durch welche ein starker Luftzug dem Boden des Ofens zugeführt wird. Vor der einen Öffnung befindet sich die zur Ansammlung der Schlacken dienende Grube. Fig. 4 zeigt den Ofen im Längsdurchschnitt mit der becherförmigen Erweiterung am oberen Ende, welche zur Aufnahme des

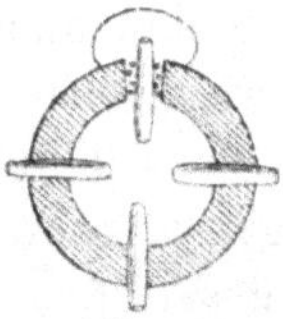

Fig. 5. Grundriß desselben.

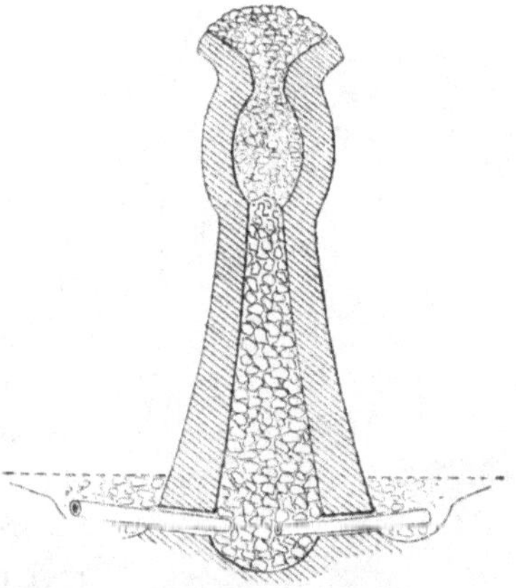

Fig. 3. Tundsch, Schmelzofen der Djur. Fig. 4. Durchschnitt desselben. Nach SCHWEINFURTH.

feinzerstückelten Brauneisensteins dient, wie er in diesem Lande massenhaft aller Orten zu tage gefördert zu werden vermag. Der Schacht wird bis zur erweiterten Stelle mit Holzkohlen aufgefüllt und von unten auf in Brand gesetzt. Zuletzt ist der Brand so vollständig, daß man die Flamme hoch zur oberen Öffnung durch die Erzmasse hindurch emporzüngeln sieht. Nach Verlauf von 40 Stunden beginnen die Eisenpartikelchen in tropfbarer Form durch die glühende Kohlenmasse hindurchzusickern, um sich in der Grube auf dem Boden des Gestelles zu sammeln. Die Masse wird aus einer der Düsenöffnungen hervorgeholt und später durch wiederholtes Hämmern mit Steinen und wiederholtes Erhitzen im Feuer im

[1] SCHWEINFURTH, Im Herzen von Afrika. I. 224. 227.

Schmiedeofen in dem Grade von jeder Mineralbeimengung gereinigt, bis alle Eisentropfen zu einer homogenen Masse zusammengeschweißt erscheinen, woraus ein vorzügliches Schmiedeeisen erzielt werden kann. Dieser thönerne Schmelzofen ist 1,3 m hoch und heißt Tundsch (Fig. 3). Die einzelne Düse wird Atschu genannt.[1] PETHERICK, der den Prozeß in gleicher Weise schildert, fügt hinzu, daß die Schlacken noch gepocht und durch Waschen daraus die kleinen Eisenkügelchen gewonnen werden. In einem Schmelztiegel werden sie dann im Schmiedefeuer zusammengeschmolzen.[2]

Südliche Nachbarn der Djur sind die Bongo oder Dor, bei denen die Eisenindustrie noch höher als bei jenen entwickelt ist. Ihre ganze Kunstfertigkeit konzentriert sich auf die Gewinnung und Bearbeitung dieses wichtigen Metalles, dessen Besitz ihnen eine gewisse Überlegenheit über die nicht Eisen erzeugenden Dinka erteilt zu haben scheint. Wenn die Feldgeschäfte beendigt sind, betreiben die Bongo Eisenindustrie. Erzreicher Boden findet sich im ganzen Lande; die Eisenarbeiter suchen vornehmlich diejenigen losen Eisenthone auf, welche durch Hochwasser etwas gereinigt und in muldenartigen Vertiefungen mit Humus und Thon angeschwemmt vorkommen. Diese haben auch die zweckdienlichste Form, da es meist Körner von Eigröße bis zu der einer Bohne sind.[3] Die Öfen der Bongo, welche sie zur Ausbringung der Eisenerze benutzen, sind von zweierlei Art; die eine schildert uns SCHWEINFURTH, die andere TH. v. HEUGLIN.

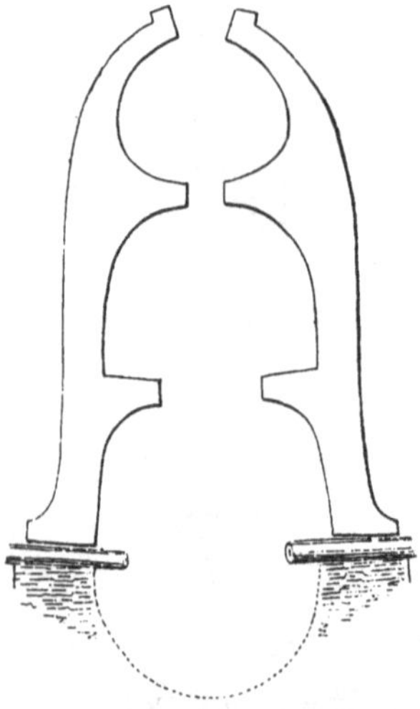

Fig. 6. Berr, Schmelzofen der Bongo. Nach SCHWEINFURTH.

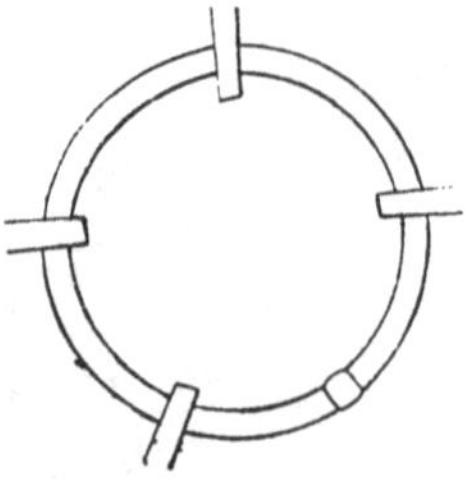

Fig. 7. Grundriß desselben.

SCHWEINFURTH schreibt: „Bei den Bongo heißt der thönerne, zur Gewinnung des Eisens dienende Schmelzofen Berr; er ist nur

[1] SCHWEINFURTH, Artes africanae. Leipzig 1875. Taf. II.

[2] JOHN PETHERICK, Egypt, the Soudan and Central-Africa. Edinburg 1861. 396.

[3] TH. v. HEUGLIN, Reise in das Gebiet des Weißen Nil. Leipzig und Heidelberg 1869. 196.

1,5 bis 1,7 m hoch und ganz aus Thon; denn zu mauern verstehen diese Völker nicht, auch gebricht es ihnen hierzu an Kalk. Fig. 6 zeigt einen Längsdurchschnitt durch den in Gestalt einer Glocke aufgeführten Schmelzofen. Im Innern desselben nimmt man drei Abteilungen wahr, von denen die mittelste zur Aufnahme von Eisenmineral und Holzkohle in abwechselnder Schichtung bestimmt ist, die obere und die untere Abteilung dagegen mit reiner Kohle gefüllt werden. Von der untersten, das Gestell darstellenden Zelle ist die mittlere durch eine ringartige Verdickung an der Innenwandung des Ofens abgegrenzt, letztere dient als Rast. Die oberste kugelrunde Zelle steht mit der mittleren nur durch eine zur Vermehrung des Luftzuges sehr verengte Öffnung in Verbindung. Am Fuße des Ofens sind vier Öffnungen angebracht, durch welche die Düsen eingeführt werden; eine fünfte ist nach Belieben mit Thon zu verschmieren, um durch sie die in der Bodengrube angesammelten Schlacken herauszuschaffen.“ Fig. 7 zeigt den Ofen im Grundriß; die vier eingesetzten Düsenrohre werden mit ebenso vielen Blasebälgen in Verbindung gesetzt, um einen sehr starken, den Verbrennungsprozeß beschleunigenden Luftdurchzug durch den Ofen zu treiben. Das Gebläse, Borro, Fig. 8, besteht aus zwei mit Häuten überspannten Thongefäßen. Die in den nebeneinander gestellten Gefäßen befindliche Luft wird durch das Niederdrücken der über ihre obere Öffnung gespannten Häute hinausgestoßen und in dem röhrenförmigen Gefäße zu einem Strom vereinigt. Die Vereinigung der beiden alternierenden Luftströme soll dem Mangel einer Ventilklappe abhelfen, welche Einrichtung den Negervölkern unbekannt geblieben ist.

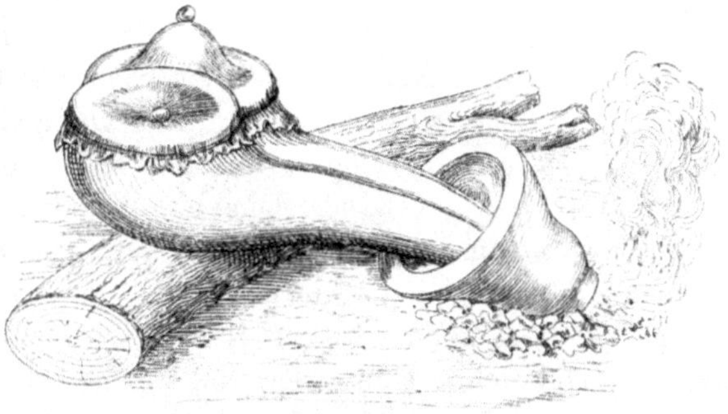

Fig. 8. Borro, Blasebalg der Bongo. Nach SCHWEINFURTH.

Gewöhnlich bedienen sich die Bongoschmiede als Ambos sowohl als auch als Hammer eines glatten Gneis-Steines oder Kiesels. Zuweilen dient statt deren ein viereckiger 0,2 m langer Eisenblock. In jedem Falle ist die sehnige Hand des Negers der einzige Stiel dieses plumpen Werkzeuges. Als Zange dient, wie Fig. 9 zeigt, ein gespaltenes Stück grünen Holzes, das durch einen Ring zusammengehalten wird. Dasselbe ermöglicht das Hervorholen der rotglühenden Masse aus dem Schmiedefeuer und das Festhalten derselben während des Hämmerns. Abgesehen von kleinen Meißeln, zur Hervorbringung feinerer Stacheln und Widerhaken, fehlen den Bongoschmieden andere Werkzeuge. Ihre mit zahlreichen Stacheln und Widerhaken versehenen Lanzen (Fig. 10) erregten SCHWEINFURTHS höchste Bewunderung. „Kein anderes Erzeugnis centralafrikanischer Eisenarbeit kann diesen Meisterwerken an die Seite gestellt werden.“[1]

Fig. 9. Zange der Bongo. Nach SCHWEINFURTH.

HEUGLIN[2] schildert einen einfacheren Ofen, welcher mehr jenem der Djur entspricht, aber ohne die kelchartige obere Ausbauchung derselben. Man gräbt in die Erde ein Loch von $^2/_3$ bis 1 m Tiefe und $^2/_3$ m Durchmesser, kleidet es mit Thon aus und läßt diesen vollkommen trocknen. Dann füllt der Schmied die Grube mit Kohle aus hartem Holz, welche er auch in Thongruben gebrannt hat, und giebt obenauf einen Satz gut gereinigtes Erz ohne weiteren Zuschlag von Kalk oder Quarz, welche Gesteine hier überhaupt gar nicht vorkommen. Über den Herd, wenn man die Grube so nennen kann, stellt man eine trichterförmige 1—2 m hohe Esse, gleichfalls von gebranntem Thon. In den Herd führen überdies vier bis sechs schräg angebrachte Öffnungen, in welche ebenso viele thönerne

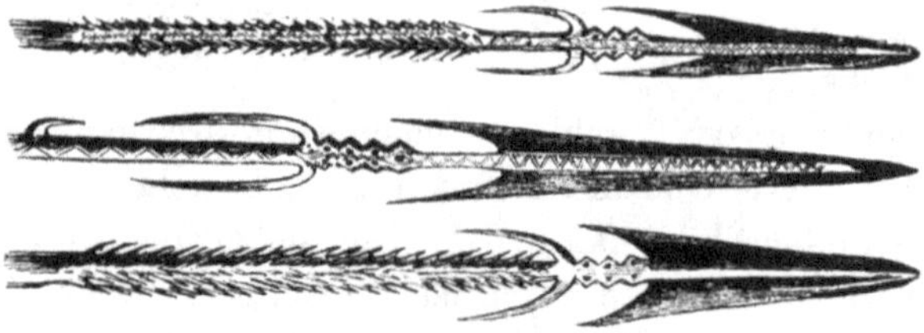

Fig. 10. Bongolanzen. Nach SCHWEINFURTH.

Röhren oder Düsen eingeführt werden. Ist die Esse gehörig auf den Herd gepaßt, sind die Fugen mit Thon verstrichen und letzterer abgetrocknet, so giebt man von unten Feuer. Auf jedem Düsenrohr ist ein lederner Sack befestigt, welcher als Blasebalg dient und beständig mit der Hand oder mittels eines kleinen Stockes aufgezogen und zusammengedrückt wird. Der Satz geht binnen weniger

[1] Artes africanae taf. V. [2] A. a. O. 197.

als einer Stunde nieder und auf dem Grund des Ofens bleibt ein durch Schlacken etwas verunreinigtes, stahlartiges Schmiedeeisen, welches dann auf einem steinernen oder eisernen Ambos ausgehämmert und zu runden Platten (Melót) oder zu Lanzen verarbeitet wird. Häufig ist dieses Produkt aber noch nicht gar und rein genug und enthält noch zu viel Kohlenstoff. In diesem Falle und überhaupt, wenn etwas feinere Ware dargestellt werden soll, muß ersteres noch eine Art Frischprozeß durchmachen. Dieses geschieht wieder in einer Grube, die jedoch kleiner und flacher ist, als die, in welcher geschmolzen wurde, auch fehlt hier die Esse. In diesen Frischherd münden zwei sich gegenüberliegende Doppeldüsen, welche auch etwas Steigung nach der Mitte des Herdes haben. Das zu reinigende Eisen liegt, in Kohlen eingehüllt, im Herd und nun wird wieder gefeuert und mit Handblasebälgen beständig Wind gegeben, bis die nötige Entkohlung stattfindet und das Eisen zu schweißen beginnt. Die Eisenmenge, welche durch einen Satz gewonnen wird, beträgt nicht über einige Pfund, das Erz dürfte kaum 15—18% Metall enthalten. Das Erzeugnis selbst ist gerne rotbrüchig, die Arbeit trotzdem jedoch sauber.

Eisenindustrie in Centralafrika. Noch südlicher, zwischen 3° und 4° nördl. Br., wohnen die Monbuttu, das kunstfertigste centralafrikanische Volk. Da sie Bewohner derselben roten Eisenerde sind, welche sich vom Gazellenflusse aus über einen großen Teil von Centralafrika zu erstrecken scheint, so nimmt das Schmiedehandwerk unter ihren Kunstfertigkeiten eine hervorragende Stellung ein und sie übertreffen darin alle übrigen Völker des von Schweinfurth bereisten Gebietes. Die Gewinnung des Materiales, die ventillosen Blasebälge sind so, wie sie eben bei Djur und Bongo geschildert wurden. Statt der Häute aber, welche die Thongefäße der Blasebälge zum Luftpumpen abschließen, bedecken sie dieselben mit abgebrühtem Bananenlaub, welches durch derartige Behandlung mit heißem Wasser eine seidenartige Geschmeidigkeit annimmt. Kneifzange, Feilen und Hämmer fehlen auch bei ihnen, doch haben sie statt des steinernen einen eisernen Ambos. Um die geschmiedeten Waffen zu wetzen und zu schärfen, bedienen sie sich eines feinkörnigen Sandsteines oder einer Gneisplatte. Faustgroße Eisenklumpen bilden das Rohmaterial, aus welchem der Künstler seine Waffen formt. „Ihre Geschicklichkeit ist bewundernswürdig und ihre Gewandtheit, in kürzester Frist aus solchen Klumpen Spaten und Lanzen zu formen, ohne Beispiel. Das Meisterstück des Monbuttuschmiedes sind die feinen Eisenketten, die als Schmuck getragen werden und welche, was Formvollendung und Feinheit anbelangt, mit unseren besten Stahlketten konkurrieren können. Der Prozeß des Stählens ist ihnen natürlich unbekannt und die Härtung wird durch fortgesetztes Hämmern erzielt."[1]

Im äquatorialen Centralafrika wiederholt sich der Eisenreichtum und die kunstfertige Verarbeitung dieses nützlichen Metalles in gleicher Weise, wie bei den oben in Betracht gezogenen Völkern. In Uganda, dem Reich des Königs Mtesa, ist die Eisengewinnung samt den nötigen Apparaten dieselbe, wie bei den eben erwähnten Nilvölkern, doch sind von Sansibar aus hier bereits eiserne Hämmer, Zangen und Feilen (durch die Araber) in das Land gebracht worden.[2] Schnell greifen in Uganda, das zuerst vor 20 Jahren durch Speke bekannt wurde, europäische Methoden um sich und die Waganda verstehen es jetzt schon, Flintschloß- in Perkussionsgewehre zu verändern und Patronenhülsen aus Messing zu gießen.[3] In der Rüstkammer des Königs Rumanika von Karagwé, im Westen des Victoriasees, fand Stanley „eiserne Streitäxte von wirklich bewundernswerter Arbeit, Speere mit doppelten Klingen, mehrere gewaltig große Klingen mit außerordentlich scharfer Schneide, 19 cm querüber und 42 cm lang, vorzüglich gute Speere, einige mit Klingen und Schäften von zusammengeschmiedetem Eisen, andere mit einem kettenförmigen Schaft und andere mit Massen kleiner starrer und scharfer Ringe, die unten an der Klinge und am Ende des Stabes kugelähnlich zusammengeballt sind. Es waren ferner aufgestellt: große in Eisen gefaßte Fliegenwedel, deren Griffe bewundernswerte Probestücke einheimischer Kunst waren, massive Messer, den Hackemessern der Fleischer ähnlich, mit polierten Klingen".[4]

Im Lande Uregga am Kongo, unter dem Äquator, fand derselbe Reisende eine hochentwickelte Eisenindustrie mitten im Urwalde. Ein Schmelzofen war errichtet und dabei eine Schmiede, in welcher etwa ein Dutzend Leute arbeiteten. Das Eisenerz ist sehr rein. „Hier sah ich die Speere von Süd-Uregga mit breiter Klinge und ebenfalls breite Messer von allen Größen, vom kleinen, drei Centimeter langen Taschenmesser an bis zum schweren, einem altrömischen Schwerte ähnlichen Hackmesser." Der Schmelzofen aus Lehm, die Blasebälge, deren „Brausen man fast eine halbe englische

[1] Schweinfurth, Im Herzen von Afrika. II. 116.

[2] Wilson und Felkin, Uganda, deutsch. Stuttgart 1883. I. 73.

[3] A. a. O. I. 89.

[4] Stanley, Durch den dunklen Weltteil. I. 514.

Meile weit hört", die thönernen Düsen, das alles ist ungefähr so, wie auch weiter oben geschildert. Dicht neben dem Schmelzofen standen aus Matten verfertigte Säcke mit Holzkohle aufgeschichtet und dabei ein paar Knaben, welche das Feuerungsmaterial herbeitrugen; ungefähr 2 m weiterhin war eine kleine Schmiede hergerichtet, wo das Eisen zu Hämmern, Beilen, Streitäxten, Spießen, Messern, Schwertern, Draht, eisernen Kugeln mit Spitzen, Bein- und Armbändern, eisernen Knöpfchen, Perlen etc. geformt wurde. „Die Kunst dieser Schmiede steht in diesen Wäldern, wenn man die Abgeschiedenheit der Bewohner in Betracht zieht, auf einer hohen Stufe der Ausbildung. Die Leute zeigen viel durch Überlieferung fortgepflanzte Fertigkeit."[1] Und so ähnlich den Kongo weiter abwärts, wie aus verschiedenen Stellen bei STANLEY ersichtlich.

In den südlich vom Kongo gelegenen Landschaften und an den Zuflüssen dieses Riesenstromes finden wir gleichfalls eine rege Eisengewinnung und Verarbeitung. Von Manjema sagt der Reisende CAMERON: *"In fact this country may be called 'the black country' of Africa. I have seen foundries 50 feet long by 30 feet wide. As many as twenty bellows are worked at one time and 150 to 200 pounds of metal are frequently obtained in one smelting."*[2]

Das Erz wird in diesen Gegenden aus tiefen Gruben gewonnen und ist „eine Art Hämatit". Zerstörte alte Schmelzwerke trifft man vielfach.[3]

Was die Einrichtung der Hütten, die Gebläse und die Schmiedearbeit in Manjema betrifft, so gebe ich hier CAMERON's Bericht vollständig wieder: „Jedes dieser Dörfer," sagt er, „besaß zwei oder drei Schmelzhütten bis zu 9 m lang und 6 m breit, mit niedrigen Mauern und sehr hohem Dache, in der Mitte mit einer Grube von 1,5 m Breite, 1 m Tiefe und 5,5 m Länge, an dem einen Ende etwas flacher als am anderen und mit einem quer über letzterem, etwa 2 m von dem flachen Ende stehenden thönernen Ofen von 1 m im Durchmesser. Die kleinere von den beiden Abteilungen der Grube diente als Feuerstatt, die andere als Reservoir, in welches das Erz und die Schlacken abflossen, während kleine Abteilungen um den Rand herum Holzkohlen und Eisenerze enthielten. Um Luftzug hervorzubringen, wird oft ein Dutzend Paar Blasebälge gleichzeitig

---

[1] STANLEY a. a. O. II. 156.

[2] Journal Anthropol. Instit. VI. 170. LIVINGSTONE (Letzte Reise II. 174) kam in dieser Gegend an 30 Schmelzhütten vorüber.

[3] CAMERON, Quer durch Afrika. I. 291. 293.

in Thätigkeit gesetzt; sie bestehen aus zwei vertikal nebeneinander laufenden Holzcylindern mit Ventilen, die alle in ein einziges, vor der Einwirkung des Feuers durch einen Lehmüberzug geschütztes Blaserohr münden. Die Cylinder sind mit Zeug umwickelt und mit einer in der Mitte befestigten 80 cm langen Stange versehen; ihre Thätigkeit wird dadurch bewirkt, daß man, mit jeder Hand eine der beiden Stangen erfassend, diese abwechselnd so schnell als möglich auf und ab bewegt. Auf diese Weise erzeugt man einen ausreichenden und beständigen Luftstrom."[1]

Da ich das CAMERONsche Originalwerk nicht besitze, vermag ich die Übersetzung an dieser Stelle nicht zu controllieren. Höchst auffallend ist die Erwähnung von „Ventilen", die sonst in ganz Afrika nicht vorkommen und die durch Entlehnung wohl schwerlich nach dem so abgelegenen, erst neuerdings von Europäern entdeckten und besuchten Lande (LIVINGSTONE 1871, CAMERON 1874, STANLEY 1876, WISSMANN und POGGE 1881) gelangt sein können. Ich bin geneigt, hier ein Versehen anzunehmen. Wenn es ferner bei CAMERON heißt: „Die Cylinder sind mit Zeug umwickelt", so müssen darunter die elastischen Häute verstanden werden, mit welchen, wie anderwärts, die Cylinder oben geschlossen sind.

Was das Schmiedeverfahren in Manjema betrifft, so wird das erschmolzene Eisen in etwa 1 Kilo schwere Stücken gehämmert, welche die Form von zwei, an ihrer Basis mit einander verbundenen Kugeln haben und an deren beiden Enden ein Stift vom Umfang einer dicken Stricknadel hervorragt. In solcher Gestalt kommt das Metall in den Handel. Als Schmiedewerkstätten dienen offene kleine Schuppen. Die Ambosse und die schweren Hämmer sind von Stein, die leichteren Hämmer von Eisen; an jene ist ein Strick mit zwei Schlingen befestigt, durch welche sie gehandhabt werden; die eisernen Hämmer aber haben gar keinen Stiel, sondern werden einfach mit der Hand gepackt.[2]

Weiter im südlichen Kongobecken ist Urua ein Eisenland, wo CAMERON häufig „rauchende Kohlenmeiler" und bei einigen Dörfern Eisenschmelzen sah, die er nicht näher schildert. Das Erz wurde aus 5—9 m tiefen Gruben gefördert.[3]

Südwestlich von Urua ist Lovale, ein anderes centralafrikanisches Eisenland, zwischen 11° und 12° südl. Br. und 20° und 21° östl. L. v. Gr. CAMERON sah dort „einen Schmelzofen von merk-

---

[1] CAMERON a. a. O. I. 319. [2] CAMERON a. a. O. I. 320.
[3] CAMERON a. a. O. II. 44.

würdiger Form", die er leider nicht näher schildert. Das Erz findet sich in großen Klumpen auf dem Grunde der Flüsse, von wo man es gegen Ende der trockenen Jahreszeit mit Schleppnetzen herausholt.[1]

Von Lunda, dem angrenzenden Reiche des Muata Jamwo, erzählt uns POGGE, daß das Eisen dort vielfach aus Kioko (weiter westlich gelegen) eingeführt, aber auch im Lande selbst gewonnen wird. Außer Eisen, Kupfer und dem von der Westküste kommenden Messingdraht sind keine Metalle im Lande bekannt. Das Schmiedehandwerk in Mussumba, der Hauptstadt Muata Jamwos, befindet sich vielfach in den Händen eingewanderter Kiokoschmiede.[2] OTTO SCHÜTT ist bei den berühmten Eisenerzgruben der Kioko vorbeigekommen; sie liegen am Bache Cavemba, einem Nebengewässer des Kuilu, etwa unter 20° 25′ östl. L. und 10° südl. Br. v. Gr., also westlich von Kimbundo. Ein dem Dorfe Camba Humbo gegenüber befindlicher Riß enthält die Grube. Die Neger gewinnen die aus dem Boden ragenden Blöcke oder die fast zu tage tretenden Stücke, also auch hier wohl Raseneisensteine. Die Hütte soll ein mehr als primitiver Frischofen sein.[3]

Daß auch in den Kimbundaländern Eisen nicht fehlt, sehen wir aus der Notiz bei LADISLAUS MAGYAR, daß bei Kibala und Ganda dasselbe in guter Qualität vorkommt.[4]

Im östlichen Teile des portugiesischen Westafrika und in den Landschaften am oberen Sambesistrome nebst dessen Zuflüssen haben wir die Nachrichten SERPA PINTOS, welche uns beweisen, daß auch dort eine ausgedehnte heimische Eisenindustrie angesessen ist. Die Hüttenleute der Ganguellas (Gonzellos), südlich von Bihé, wandern in den „kalten" Monaten Juni und Juli nach den Eisenminen und schlagen dort ausgedehnte Lager auf. Um das Erz zu gewinnen, graben sie Schachte von 3—3,5 m Durchmesser, nie aber tiefer als 1,5—2 m, „höchstwahrscheinlich, weil sie kein Mittel besitzen, das Erz höher zu heben". Sobald sie genügend Erz zu tage gefördert haben, um für die Arbeit des ganzen Jahres genug zu haben, beginnen sie das Eisen auszuschmelzen. Dieses geschieht in nicht sehr tiefen Löchern, in denen das Erz mit Holzkohle vermischt und die Temperatur vermittels ihres primitiven Blasebalges erhöht wird,

[1] CAMERON a. a. O. II. 157.
[2] POGGE, Im Reiche des Muata Jamwo. Berlin 1880. 238.
[3] O. SCHÜTT, Reisen im südwestlichen Becken des Kongo. Berlin 1881. 128.
[4] Reisen in Südafrika. Pest und Leipzig 1859. 384. 376.

der aus zwei 30 cm breiten und 9 cm tief ausgehöhlten Holzcylindern besteht, über welchen je ein Stück gegerbtes Ziegenfell angebracht und an denen je ein 50 cm langer und 1 cm dicker Handgriff befestigt ist. Der Luftstrom wird durch zwei Holzröhren in eine thönerne Düse geleitet. Das gewonnene Eisen wird in Schaufeln, Kriegsbeile, Pfeilspitzen, Assagais, Nägel, Messer und Kugeln für Feuerwaffen umgewandelt, „ja sie fertigen gelegentlich selbst Feuerwaffen an, wobei sie das Eisen mit Ochsenfett und Salz weich machen". Sobald das Metall in Handelsartikel umgewandelt ist, kehren die Arbeiter mit diesen Gegenständen beladen wieder nach Hause zurück.[1]

So ist es auch bei den Luchazes zwischen 12° und 13° südl. Br. und unter 18° östl. L. v. Gr. und bei den Luinas am oberen Zambesi.[2]

Eisenindustrie in Ostafrika. Durch Ostafrika, zwischen den großen Seen und dem Indischen Ozean, ist das Eisen in gleicher Menge wie im Gazellenflußgebiete verbreitet, doch steht die Industrie hier keineswegs auf der hohen Stufe wie dort. THOMSON giebt an, daß das Erz in Ostafrika, welches verarbeitet wird, nicht in Lagern, Adern oder Gruben vorkommt; er fand es nur in einzelnen Klumpen im Boden oder kleine Mengen Raseneisenerz. Reichlich war letzteres namentlich bei Muluchuchu, zwischen dem Nyassa- und Tanganjikasee, vorhanden. „Alles im östlichen Centralafrika von den Schwarzen erschmolzene Eisen stammt aus solcher Sumpferzquelle."[3] Nach R. BURTON ist auf der Route Sansibar-Tanganjikasee das Eisenerz unter dem Namen Utundwe oder Gangue bekannt; es wird an den Flanken der niedrigen Sandsteinhügel in Klumpen und Knollen aus metertiefen Löchern ergraben.[4]

Anders liegen die Verhältnisse im Ugonogebirge südlich vom Kilimandscharo, der Heimat eines vortrefflichen Eisens, welches durch einen großen Teil von Ostafrika verbreitet ist und „höher geschätzt wird, als das beste schwedische". Gewonnen wird es namentlich in dem Landstriche Usanga und zwar aus Eisensand, der magnetischer Natur zu sein scheint. Man wäscht ihn aus den Bächen und v. D. DECKEN glaubt, daß er aus der Zersetzung eines eisenglimmerhaltigen Gneises entstanden sei.[5]

---

[1] SERPA PINTO's Wanderung quer durch Afrika. Leipzig 1881. I. 118.

[2] SERPA PINTO I. 236. II. 31.

[3] JOS. THOMSON, Expedition nach den Seen von Centralafrika. Jena 1882. II. 209. I. 227.

[4] BURTON, Lake Regions of Central Africa. London 1860. II. 312.

[5] v. D. DECKENS Reisen II. 17. 19.

Die Verhüttung ist in diesem Teile Ostafrikas eine weit rohere als im Gazellenstromgebiet. Nach BURTON ist der Schmelzofen ein Loch in der Erde, das mit brennender Holzkohle gefüllt wird, auf welche man das Erz legt, dann wieder eine Schicht Kohle und so fort. Das Gebläse wird durch die bekannten Blasebälge (Mafukutu) erzeugt, deren Düsen aus Thon sind. Zuweilen werden fünf Paar derselben angewendet, um eine tüchtige Hitze zu erzeugen.[1] Im Eisenlande Usanga schichtet man den Eisensand in tiefen Gruben gar nur mit Holz, zündet den Brand an und unterhält das Feuer fünf Tage lang. Nach dem Erkalten der Glut findet das zusammengefrittete und mit Schlacken gemengte Eisen sich auf der Sohle des Herdes, dieses rohe Eisen wird im Schmiedefeuer zu kleinen Hacken verarbeitet, in welcher Gestalt es auch in den Handel kommt.[2] Auf so niedrigem Standpunkte nun auch hier die Gewinnung des Rohmaterials steht, um so höher ist die Schmiedekunst im Gebiete des Kilimandscharo entwickelt, worüber wir eine sehr genaue Schilderung des Geologen THORNTON, Begleiter V. D. DECKEN's, besitzen. Er schreibt: „Wir trafen den Meister innerhalb eines länglichrunden, von hoher, lebendiger Hecke umschlossenen Hofes bei seiner Arbeit. Er zeigte uns der Reihe nach alle seine Künste. Zuerst führte er uns zu der außerhalb des Zaunes gelegenen Schmiede, welche in ihrer Einrichtung wesentlich mit den Suaheliwerkstätten Sansibars übereinstimmt. Seine Hämmer sahen aus, als ob sie von Europa her eingeführt wären, doch versicherte uns der Mann, daß er sie selbst gefertigt habe. Als Amboß dienten einige harte, glatte Steine. Das Gebläse ist doppelt wirkend und besteht aus zwei gegerbten, in Form von Säcken hergerichteten Fellen, deren jedes an seinem unteren Ende an der Gabel eines ausgehöhlten, mit einem Steine beschwerten Baumastes festgebunden ist, während das obere Ende einen langen Schlitz zeigt, längs dessen zwei flache Stöcke befestigt sind; indem man die Bälge mit der Hand öffnet und emporhebt, schließt und niederdrückt, erzeugt man einen Luftstrom, welcher durch die Gabelröhre vereinigt und in einen Herd einfachster Art geleitet wird. Der Meister trug ein wenig Feuer zum Ofen, legte Holzkohlen darauf und fachte die Glut kräftig an. Dann erhitzte er mehrere Stücke altes Eisen und schweißte sie mit Zuhilfenahme eines Schweißmittels, bestehend aus den Brocken einer großen Muschel, zusammen. Ebenso vereinigte er mehrere alte Messer in kleine Barren und hämmerte diese zu längeren Stücken von vierkantigem

[1] BURTON a. a. O. II. 312. [2] V. D. DECKEN a. a. O. II. 19.

Querschnitte aus. Zwei solche Stäbchen, an einem Ende zusammengeschweißt, am anderen etwas auseinander gebogen und mit einem darübergleitenden Ringe versehen, bilden eine sehr wirksame Zange, welche zum Drahtziehen benutzt wird, wie wir sogleich sehen sollten."

„Der Schmied erhitzte eine Rolle dicken Draht in einem leichten Feuer von Blättern und Stroh zu dunkler Rotglut. Während dieses langsam brannte, richtete er sein Zieheisen her, eine weiche Eisenplatte, deren Löcher je nach Bedürfnis durch Hammerschläge verengt oder durch Eintreiben eines glatten Dornes erweitert wurden. Dann hämmerte er den Draht am Ende dünner, fettete ihn gehörig ein, steckte ihn in das Zieheisen, spannte das durchgekommene Stück in die Zange, setzte sich auf den Boden, legte die Ziehplatte zwischen seine Füße, zog einen langen Lederstreifen durch die Zange, faßte diesen mit der Hand an und beugte sich schnell rückwärts, so daß der Draht ein kleines Stück verlängert ward. Als durch mehrmaliges Wiederholen derselben Arbeit etwa eine Fußlänge des Drahtes verdünnt worden, stand unser geschickter Freund auf, ging an eine zwischen Pfählen befestigte, mit zahlreichen Löchern durchbohrte Pfoste, legte das Zieheisen in eine Kerbe hinter dieser, steckte den Draht durch das Loch, befestigte die Zange wieder am spitzen Ende und zog nun ein größeres Stück aus. Begreiflicherweise erweiterte sich das Loch in der ungehärteten Ziehplatte ziemlich schnell, und der letzte Teil des Drahtes ging mit Leichtigkeit hindurch; es gehört also nicht wenig Mühe dazu, um eine ganze Rolle gleichmäßig zu ziemlicher Feinheit auszustrecken."

„Darauf sahen wir uns den feinen, auf diese Weise gewonnenen Draht an, aus welchem die hier so beliebten Schmuckkettchen bereitet werden. Der gefällige Künstler befriedigte unsere Neugierde, indem er auch noch an einer solchen Kette zu arbeiten begann. Er wickelte den feineren Draht um ein dickeres, stricknadelförmiges Eisen und schnitt längs desselben hin die ganze Schneckenwindung mit einem scharfen Meißel in kleinere Ringe, von denen jeder ein Gliedchen bildet — ganz in derselben Art, wie dies auch unsere Handwerker thun."

„Wir blieben wohl anderthalb Stunden bei dem geschickten Manne. Der Baron bestellte beim Weggehen einige Kettchen, ein Schwert, ein Paar Messer und Lanzenklingen; der Schmied nahm jedoch nur ersteren Auftrag an und weigerte sich entschieden, Waffen zu fertigen oder zu verkaufen."[1]

---

[1] v. d. Decken II. 19.

Hier treffen wir also auf das Schweißen, das sonst wenig bei den Negern bekannt ist; auch die Art des Drahtziehens erregt unsere Aufmerksamkeit. Die Zange, im Prinzip dieselbe wie die Holzzange der Bongo (Fig. 9), zeigt einen Fortschritt, indem sie aus Eisen hergestellt ist. Was aber stark abweicht, sind die Blasebälge, denen der trichterförmige untere Fortsatz aus Thon fehlt und die nur aus Lederschläuchen bestehen, welche mit flachen Holzstäben, die aneinanderpassen, am Schlitz versehen, beim Einlassen der Luft geöffnet, beim Ausdrücken derselben geschlossen werden. Es ist dieses eine Variation des afrikanischen Blasebalges, die nicht vereinzelt dasteht, da Marno aus Sennâr[1] und Livingstone[2] aus den Hochlanden am südlichen Njassasee dieselbe abbilden. Die Übereinstimmung mit indischen Bälgen werden wir kennen lernen.

Eine ziemlich eingehende Schilderung der lebhaften Eisenindustrie des Volkes der Waitumba besitzen wir durch J. T. Last.[3] Sie wohnen in den Humbabergen zwischen 6° und 7° südl. Breite und 36° und 37° östl. L. v. Gr. Das Ausgraben der Eisenerze und Waschen derselben wird von Weibern besorgt, die an den Abhängen der Berge etwa 60 cm tiefe Löcher graben, um auf einen roten thonigen Sand zu stoßen, in welchem das Eisenerz in kleinen Stücken verteilt liegt; es macht etwa fünf Prozent des Sandes aus. Dieser Sand wird zu einem kleinen Bache gebracht, der über terrassenförmig angelegte große Löcher geführt wird, die er eines nach dem anderen durchläuft. In diese Löcher wird der erzhaltige Sand geschüttet, um von seinen feineren Teilen durch successives Auswaschen in denselben befreit zu werden. Es bleiben nur grober Kies und die Erzstücke zurück, die, nachdem sie in der Sonne getrocknet sind, mit einer Worfelschaufel *(ungo)* von einander getrennt werden. Das so erhaltene Eisenerz *(mudapu)* wird in Säcken aus Palmfaser an die Schmelzer verkauft. Die Stelle, wo das Erz vorkommt, ist Eigentum des Distriktshäuptlings, der sie durch seine Leute ausbeuten läßt. Bezahlt wird das Erz durch ein gleiches Volumen Korn.

Die Schmelzer schlagen nun zunächst Holz, spalten dasselbe in 1,3—1,6 m lange Scheiter und häufen dieselben zu einer 1,6 m hohen, etwa 2,7 m im Gevierte haltenden Pyramide auf, die in Brand gesetzt und zu Kohlen gebrannt wird. Von einer meilerartigen Bedeckung mit Erde berichtet Last nichts. Die abgekühlten Kohlen

---

[1] Blauer und Weißer Nil. Taf. II.
[2] Expedition to the Zambezi. 113.
[3] Proceedings R. Geogr. Soc. 1883. 586.

werden mit Binsen zu Bündeln zusammengeschnürt und so zum Schmelzplatze gebracht. Nachdem Erz und Holzkohle *(makala)* bereit, werden die Luftröhren *(kelwa)* und Bälge *(nuvukuto)* fabriziert; erstere werden aus Thon über Bambus modelliert; sie sind 1,4 m lang, haben einen Durchmesser von 6 cm und am Ende eine verstärkte Schnauze. Der Blasebalg besteht aus einem Holzcylinder mit Röhre aus dem gleichen Material; er ist oben mit einem Stück Leder geschlossen, aus dem ein Stock als Handhabe hervorragt. Nun wird Feuer in einer Grube entzündet und wenn dieses lustig brennt, wird eine doppelte Handvoll Erz, gefolgt von Holzkohle, hineingeworfen, und so fort unter gleichzeitigem Blasen von drei Paar Bälgen, die je von einem Mann und Burschen abwechselnd bedient werden. Gegen Ende des Schmelzganges wird das Erz vermindert und Kohle in größerem Maßstabe gegeben; ist alles durchgeschmolzen, so bleibt die Masse eine halbe Stunde ruhig stehen und alsdann werden drei Töpfe voll Wasser über dieselbe ausgegossen. Der Prozeß ist jetzt beendigt und der erhaltene Eisenklumpen wird mit einem dicken Seile von Kongigras aus der Grube herausgezogen, um gänzlich abzukühlen. Der Klumpen hat gewöhnlich 35—40 cm Durchmesser bei 50—70 cm Länge. Man bereitet sich einen Vorrat solcher Klumpen, zerschlägt sie dann mit einem eisernen Hammer in wallnußgroße Schirbeln und schmilzt diese abermals mit Holzkohle, jedoch nur unter Anwendung von ein paar Blasebälgen, in einer Grube um. Die so erhaltene Luppe wird mit einer Zange aus dem Loche gezogen und mit schweren Hämmern auf einem Amboß aus Stein zu einer soliden viereckigen Masse zusammengehämmert. Doch ist diese immer noch sehr porös, so daß dem Schmiede, der dieses Eisen zu Hacken formt, noch viel Arbeit übrig bleibt.

Auch am Njassasee, der noch in diese ostafrikanische Region gehört, hat sich eine sehr ausgebreitete Eisenindustrie entwickelt. Westlich von demselben „muß das Eisengewerbe schon sehr lange betrieben worden sein, denn man kann nicht eine Viertelstunde weit gehen, ohne auf Schlacken und zerbrochene Töpfe, oxydierte Röhren und Reste der Schmelzöfen zu stoßen, die durch das Feuer in Ziegelsteine verwandelt sind.“[1] Das Erz — wahrscheinlich das schwarze Oxyd, schreibt LIVINGSTONE — sah wie Sand aus und wurde durch die Öffnung in der Spitze des Schmelzofens hineingeschüttet, vermischt mit Holzkohle. In den südlichen Hochlanden

[1] DAVID LIVINGSTONE's Letzte Reise, deutsch. Hamburg 1875. I. 183.

am Njassa wird das Eisenerz „aus den Bergen“ gegraben. Jedes Dorf hat dort sein Schmelzfeuer, seine Holzkohlenbrenner, seine Schmiede. Die Äxte, Speere, Nadeln, Pfeilspitzen, Arm- und Beinringe sind in betracht der einfachen Werkzeuge, welche dabei angewendet werden, recht gut und sehr billig. Eine Hacke im Gewicht von 1 kg wird für Kaliko im Werte von vier Pence verkauft.[1] Über die Art des Schmiedens bei den hier wohnenden Mangandscha berichtet LIVINGSTONE[2] ferner: „Der Hammer ist ein großer Stein, umschnürt mit starken Bastseilen, woran Öhsen gelassen sind, welche Handhaben bilden (Fig. 11). Zwei Stücke Rinde bilden die Zange und ein großer in den Boden eingelassener Stein den Ambos. Der offene Blasebalg besteht aus zwei Ziegenfellen, mit Stöcken an den Enden, welche sich bei jedem Luftstrome öffnen und schließen.“

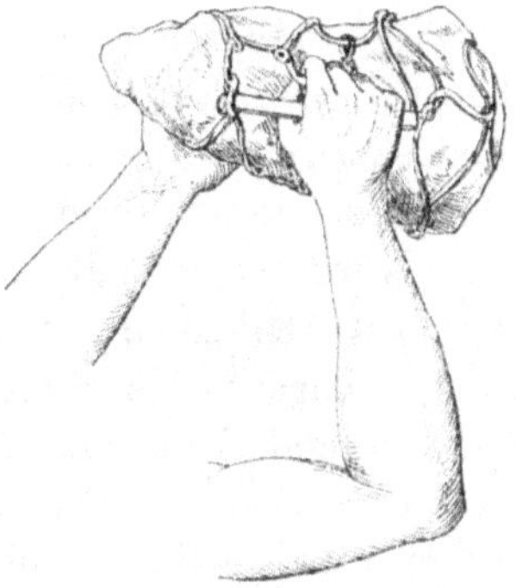

Fig. 11. Hammerstein der Mangandscha. Nach LIVINGSTONE.

Geographisch anschließend sind hier die Marawi zu erwähnen, deren Land 1830 Monteiro und Gamitto durchzogen. Sie sammeln das Eisenerz an der Oberfläche. „Man thut das Eisenerz in ein Thonrohr von 7 m (40 Palmos) Höhe und 20 cm Breite, dessen untere weitere Basis mit Kohlen angefüllt ist.“ Hier liegt entschieden ein Fehler vor, denn eine 7 m lange und nur 20 cm breite Thonröhre von Negern hergestellt und zur Eisengewinnung dienend, wäre ein Wunder. Es wird hier wohl ein thönerner Schmelzofen gemeint sein, wie wir ihn schon mehrfach kennen lernten. Über dem Fußboden sind Löcher angebracht, in welche die einfachen Fellblasebälge ihren Windstrom ergießen. Beim Ausschmieden dienen Steine als Ambos und Hammer, zwei Stücken Holz als Zange.[3]

Ein ostafrikanisches Volk, welches das Eisen kennt und reichlich benutzt, aber nicht selbst darstellt, sind die Masai. T. T. LAST berichtet von ihnen: *"There is no iron in the country, nor do the Masai know how to work it. I have been told that formerly the Masai used wooden swords and spears made from hard wood, but when they*

[1] LIVINGSTONE, Expedition to the Zambezi. London 1865. 113.

[2] Letzte Reise I. 180.

[3] MONTEIRO, Der Muata Cazembe. Deutsch von W. PETERS in Zeitschr. f. allgem. Erdkunde. VI. 268. Berlin 1856.

*came to Ugogo they laid aside their wooden arms and took those of the Wagogo."*[1]

Eisenindustrie im äquatorialen Westafrika. Aus dem Innern Afrikas sind bis an die Westküste unter dem Äquator die kannibalischen Gewohnheiten ergebenen Fan vorgedrungen. Sie werden wegen vieler Übereinstimmungen in Sitten und Gebräuchen mit den durch SCHWEINFURTH geschilderten Monbuttu in Zusammenhang gebracht. Geht man auf ihre Eisenindustrie ein, so läßt sich diese Übereinstimmung jedoch nur teilweise konstatieren.

Die in der Nähe der Küste ansässigen Fan haben die Eisenproduktion jetzt schon aufgegeben, da sie das Eisen aus den europäischen Faktoreien erhalten. Die weiter im Innern wohnenden aber wissen dasselbe aus einem überall massenhaft vorkommenden thonigen Brauneisenstein herzustellen. Sie graben nicht nach demselben, sondern suchen denselben an der Oberfläche zusammen. Der Prozeß ist ein äußerst roher und wird ohne jede Art von Ofen betrieben. Man stapelt einfach einen großen Holzstoß auf und schüttet darauf eine Menge des zerkleinerten Erzes; darunter legt man abermals Holz und dann zündet man den Haufen an. Brennt der Stoß nieder, so wird neues Holz zugeführt, bis man den Reduktionsprozeß beendigt glaubt.

Die Ausschmiedung des so erhaltenen Rohproduktes ist natürlich eine höchst langwierige Operation. Doch die Fan sind weit bessere Schmiede als Hüttenleute. Die Blasebälge sind nach dem allgemein afrikanischen Prinzipe geformt, nur werden zum unteren Teil Holzcylinder statt der Thongefäße angewendet. Die Cylinder sind oben mit genau passenden Häuten geschlossen, an denen sich Handhaben befinden, welche der die zwei Blasebälge Bedienende sehr schnell auf- und abzieht. Die Luft wird durch enge Holzröhren mit eisernen Düsen dem Schmiedefeuer zugeführt. Der Ambos der Fanschmiede ist ein solides, in den Boden eingelassenes Eisenstück. Statt eines Hammers, den die Fan nicht kennen, bedienen sie sich eines $1\frac{1}{2}$ bis 3 Kilo schweren konischen Eisenstückes, wie die Bongo etc. Das durch wiederholtes Durchschmieden erhaltene Eisen ist von vorzüglicher Güte und wird von ihnen dem europäischen vorgezogen. Die Schwerter, Messer, Lanzen- und Pfeilspitzen der Fan zeugen von vorzüglicher Arbeit. Worin aber die Fan noch hervorragen, das ist die Bereitung der Holzkohlen zum Schmieden

[1] Proceed. R. Geogr. Soc. 1883. 531.

in Meilern, die mit Erde bedeckt sind, so daß darin das Holz langsam verkohlt.[1]

Auch die Osaka weiter aufwärts am Ogowé sind gute Eisenarbeiter, kennen die Meiler, die eisernen Amboße und die doppelten Blasebälge genau wie die Fan. Die Schmelzöfen sind auch ihnen unbekannt. Das Eisen gewinnen sie aus den roten thonigen Eisensteinkonkretionen, die überall in der alles überziehenden Lehmdecke stecken.[2]

Eisenindustrie in Nordwestafrika. Dieses hat verhältnismäßig am intensivsten und längsten unter fremdem Einflusse gestanden. Von Norden her drang der Islam vor und er ist nun fast an der Guineaküste angelangt; seit dem Anfange des 16. Jahrhunderts reihte sich eine Faktorei der Europäer nach der anderen vom Senegal bis zur Goldküste aneinander und damit wurden fremde Handelsprodukte in das Land der Schwarzen gebracht. Der uralte Karawanenverkehr vom Mittelmeer nach dem Sudan hat wohl frühzeitig auch Eisenwaren und Waffen bis zum Niger und Tsadsee gebracht, so daß seit langem schon in dieser Region die heimische Eisenindustrie der fremden Konkurrenz weichen mußte. Das europäische Eisen in Stabform wurde Wertmesser in den Senegalländern. „In ihrem früheren Handel mit den Europäern," sagt Mungo Park von den Einwohnern derselben, „war Eisen die von ihnen am meisten geachtete Ware. Durch dessen Nutzen, da es die Werkzeuge des Krieges und Ackerbaues giebt, wurde ihm vor allem anderen der Vorzug erteilt. Eisen wurde daher bald der Maßstab, nach dem sich der Wert aller anderen Waren bestimmt."[3] Eisenstücke sind südlich von Wandala (11° nördl. Br.) als Münze im Verkehr und in Bagirmi sah Nachtigal, wie Wurfeisen gegen Getreide eingetauscht wurden; dieses war nämlich die einzige Münzsorte, welche die Eingeborenen für Getreide annahmen.[4] Eisengeld, das in Korórofa am Binué gilt, lernte Flegel in Danzufa kennen. Er schildert dasselbe als eine eiserne Erdhacke ohne Stiel.[5] Es ist gerade so, wie in dem Gebiete der westlichen Nilzuflüsse, wo bei

---

[1] Du Chaillu, Equatorial Africa. London 1861. 90. — O. Lenz, Skizzen aus Westafrika. Berlin 1878. 85.

[2] Lenz a. a. O. 274.

[3] Mungo Parks Reise in das Innere von Afrika. Deutsch. Hamburg 1799. 32.

[4] Rohlfs, Quer durch Afrika. II. 62. — Nachtigal im Globus XXIV. 231.

[5] Mitt. Hamburg. Geogr. Ges. 1878—79. 316. Tafel 8, Fig. 9.

den Djur Lanzenspitzen, bei den Bongo tellergroße Eisenplatten die Rolle gemünzten Geldes spielen.[1] In Boni an der Nigermündung dient ein hufeisenförmiges Eisenstück, Igbi oder Manilla genannt, als Münze[2]; daß dieses hufeisenförmige Eisengeld bis zum Gabon reicht und dort bei den Mpongwe in Bündeln von acht bis zehn Stück umläuft, wissen wir durch Wilson, der hinzufügt, es sei nicht bloß Tauschmittel, sondern *real currency*.[3]

Wie sehr Afrika von Norden her mit europäischen Eisenwaren überschwemmt wird, ersehen wir z. B. aus den Schilderungen des Marktes in Kano, wo Schwertklingen aus Solingen und Rasiermesser aus Steiermark einen bedeutenden Handelsartikel ausmachen. Mit den Solinger Klingen werden die Tuareg der Wüste, die Haussaua, die Fulbe, Nyffaua und Bornuaner von Kano aus versorgt. Barth schätzt ihre Einfuhr auf jährlich 50 000 Stück, und ähnlich verhält es sich mit den ordinären steirischen Rasiermessern.[4]

Es ist begreiflich, daß unter solchen Umständen die einheimische Eisenindustrie leiden und allmählich verkümmern mußte. Der Neger vermochte nicht mit der billigen ausländischen Ware zu konkurrieren, die er mit seinen Naturprodukten ohnedies leicht bezahlen konnte. So finden wir denn auch in Nordwestafrika gegenüber den centralafrikanischen Ländern eine weit weniger ausgedehnte heimische Eisenindustrie, deren Produkte sich auch nicht in bezug auf Güte und Kunstfertigkeit mit jenen der centralafrikanischen Neger messen können. Immerhin ist aber die heimische Eisenindustrie in Nordwestafrika noch ausgebreitet genug, um zu zeigen, daß sie hier so selbständig wie in anderen Negerländern von Anfang an war. Selbst in dem mitten in der Wüste gelegenen Lande Tibesti oder Tu wird Eisen, wenn auch in unzureichender Menge, gewonnen und die Einwohner (Tibbu oder Teda) verfertigen sich ihre Waffen wenigstens teilweise selbst, doch werden die Lanzen meist aus den umliegenden Ländern eingeführt.[5] Bornu ist seiner geologischen Beschaffenheit nach kein Land der Eisenerzeugung; doch arbeiten dort die Schmiede ganz so wie bei den übrigen Afrikanern und ihre primitiven Blasebälge sind aus einem Ziegen- oder Schaffell hergestellt, dessen hintere Enden sich beim Drucke durch

---

[1] Schweinfurth, Im Herzen von Afrika. I. 224. 306.

[2] Bastian, Geogr. und ethnolog. Bilder. Jena 1873. 171.

[3] L. Wilson, Western Africa. London 1856. 304.

[4] H. Barth, Reisen. II. 154. 157. 158.

[5] Nachtigal, Sahara und Sudan. I. 457. 451.

Klappen schließen.[1] Dagegen ist Mandara oder Wandala südlich von Bornu ein Hauptsitz vorzüglicher Eisenindustrie, von wo schöne Sachen in den Handel kommen, ebenso Gurgara im südlichen Bagirmi.[2] Im Reiche Sokoto finden sich Eisenminen bei Schiri, eine Tagereise nördlich von Garo N Bautschi, bei Fagam, zwei Tagereisen nordwestlich von der eben genannten Stadt, bei Kirfi am rechten Ufer des Gombe, bei Bele und Fali, sechs bis acht Stunden östlich von Kirfi; andere Orte der Eisenerzeugung sind noch Baura, Gulda, Muta, Kagalâm, Mia Biri, Kaatana[3], doch fehlen alle näheren Angaben über die Art der Gewinnung etc.

Nordwestafrika, zumal in den Gebieten am Senegal, dem Casamance und Rio Grande, ist nach den Berichten der verschiedenen Reisenden reich an Eisenerzen und an Gold. Allein die Eisenerze bilden hier (wie anderwärts in Afrika) keine fortlaufenden Lagerstätten in unserem Sinne, sondern sind in der eisenführenden Formation, die sich weit über das Land erstreckt, verteilt. Die meisten Erze gehören zum Laterit. Oft finden sich darin kleinere oder größere Partieen, in denen das Erz, Brauneisen oder auch Roteisen konzentriert ist und die bis 60 % Eisenoxyd enthalten. Alle Erze finden sich auf sekundärer oberflächlicher Lagerstätte, weshalb auch von einem eigentlichen Bergbau hier schon deshalb nicht die Rede sein kann, weil es keinen Sinn hätte, in die tieferen Schichten zu gehen. Alles von den Eingeborenen gesammelte Erz stammt von der Oberfläche.[4]

Die westlichen Fulbe sind gute Eisenarbeiter. LAMBERT, welcher 1860 bis Timbo in Futa Djallon vordrang, bildet aus diesem Lande einen *Fonte du minerai de fer* ab (Fig. 12), welcher die Form eines kleinen Hochofens hat, giebt aber keine Beschreibung. Die Schmiede arbeiten dort mit den Blasebälgen aus Fellen.[5]

Von den aus Serracoletts bestehenden Einwohnern des Dorfes Langebane in Futa Djallon bemerkt MOLLIEN, daß sie alle Besitzer von Eisenschmelzöfen seien. Er schildert aber die Öfen und den Prozeß der Gewinnung nicht, sondern sagt nur, daß man, um das fertige Metall zu hämmern, sich eines rundlich geformten Granit-

[1] NACHTIGAL a. a. O. I. 680. Der Blasebalg wird in Bornu durch ein Onomatopoeon: *bubutu* bezeichnet (BARTH, Reisen II. 458).

[2] BARTH a. a. O. II. 645. III. 400.

[3] ROHLFS, Quer durch Afrika. II. 207.

[4] DOELTER, Über die Capverden nach dem Rio Grande. Leipzig 1884. 224.

[5] Tour du Monde. III. 388 (1861).

blockes bediene. Diesen umfassen die Schmiede mit einem Streifen Leder und an diesem Streifen sind wieder lederne Riemen befestigt, welche der Arbeiter in die Hand nimmt; so hebt er nun den Stein in die Höhe und läßt ihn auf das Eisen, welches auf einem niedrigen, in der Erde stehenden Amboß liegt, herabfallen.[1]

Über das Schmelzverfahren der Mandingo sind wir durch MUNGO PARK unterrichtet worden.[2] „Während meiner Anwesenheit zu Kamalia," schreibt er, „war ein Schmelzofen in geringer Entfernung von der Hütte, wo ich wohnte, und der Eigentümer sowohl als seine Arbeiter machten kein Geheimnis aus der Art ihres Verfahrens und erlaubten mir recht gern, den Ofen zu untersuchen und ihnen zu helfen, den Eisenstein zu zerstoßen. Der Schmelzofen war

Fig. 12. Schmelzofen in Futa Djallon. Nach LAMBERT.

ein zirkelförmiger Turm von Lehm, 3 m hoch und 1 m im Durchmesser. Er war an zwei Orten mit einem Geflechte eingefaßt, um den Lehm zu verhindern durch die Hitze des Feuers zu bersten und auseinander zu fallen. Rund um den unteren Teil, mit dem Boden gleich, aber nicht so tief als der Boden des Ofens, der ein wenig höher war, hatte man sieben Öffnungen angebracht, in deren jede man drei Röhren von Lehm gesteckt und die Öffnungen wieder so verklebt hatte, daß keine Luft in den Ofen als nur durch diese Röhren dringen konnte, durch deren Öffnung und Zuschließung sie das Feuer leiteten. Diese Röhren wurden gemacht, indem man ein

[1] MOLLIEN, Reise in das Innere von Afrika. Weimar 1820. 226.
[2] MUNGO PARK's Reise in das Innere von Afrika. Hamburg 1799. 332.

Gemisch von Lehm und Gras um ein glattes Rollholz klebte, welches, sobald der Lehm hart wurde, herausgezogen und die Röhre in der Sonne getrocknet wurde. Der Eisenstein, den ich sah, war sehr schwer und von einer matten roten Farbe mit grauen Flecken. Er wurde in Stücken ungefähr von der Größe eines Hühnereies zerbrochen. Ein Bündel Holz, welches sehr trocken war, wurde zuerst in den Ofen gelegt und mit vielen Holzkohlen bedeckt, die man fertig gebrannt aus dem Walde brachte. Hierüber wurde wieder eine Schicht Eisenstein gelegt und dann wieder eine andere von Holzkohlen und so fort, bis der Ofen ganz voll war. Das Feuer wurde durch eine der Röhren entzündet und während einiger Zeit mit Blasebälgen, die man aus Ziegenhaut gemacht hatte, angefacht. Die Operation ging vorerst sehr langsam fort und es vergingen einige Stunden, ehe die Flamme über den Ofen hinausschlug. Nach diesem aber brannte es mit großer Heftigkeit während der ganzen ersten Nacht; und die dabei stehenden Leute warfen von Zeit zu Zeit mehr Holzkohlen hinein.

„Am folgenden Tage war das Feuer nicht so wild, und in der zweiten Nacht wurden einige Röhren herausgezogen und mehr Luft in den Ofen gelassen. Die Hitze war indessen noch immer sehr gewaltig, und eine blaue Flamme schlug einen halben Meter über die Spitze des Ofens hinaus.

„Am dritten Tage vom Anfang der Operation wurden alle Röhren herausgenommen, da dann die Enden mehrerer derselben zu Glas durch die Hitze gebrannt worden; das Metall wurde aber nicht eher, als einige Tage nachher gerührt, als das Ganze vollkommen abgekühlt war. Ein Teil des Ofens wurde dann niedergerissen und das Eisen lag da in Form einer großen unregelmäßigen Masse mit Stücken Holzkohlen, welche daran festklebten. Es war klingend, und wenn irgend ein Teil davon abgebrochen war, so sah es bei dem Bruche körnig aus wie zerbrochener Stahl. Der Eigentümer sagte mir, daß viele Teile dieses Kuchens nichts taugten, daß aber dennoch hinlänglich gutes Eisen übrig war, um ihn für seine Mühe zu entschädigen.

„Dieses Eisen oder vielmehr Stahl wird zu mannigfachen Werkzeugen verarbeitet, indem man es wiederholt in einer Schmiede heiß macht, deren Hitze durch ein paar doppelte Blasebälge von sehr einfacher Zusammensetzung unterhalten wird. Sie werden aus zwei Ziegenhäuten gemacht, deren Röhren zusammenstoßen, ehe sie in die Schmiede kommen und ein unaufhörliches und sehr regelmäßiges Blasen unterhalten. Hammer, Zange und Amboß sind alle sehr einfach und die Arbeit — sonderlich in der Verfertigung von Messern und Speeren — ist nicht ohne alles Verdienst. Das Eisen ist in der That hart und bröcklich und erfordert viel Arbeit, ehe man es soweit tauglich machen kann, daß es dem Endzwecke entspricht.

„Die meisten afrikanischen Eisenschmiede sind auch mit der Art zu schmelzen bekannt, in welchem Prozeß sie von einem alkalischen Salze Gebrauch machen, welches man von der Lauge verbrannter Maisstengel erhält, die man bis zum Trocknen hat verdunsten lassen."

Nach dieser Schilderung ist der Ofen ähnlich dem von Lambert abgebildeten. Interessant ist der von Mungo Park erwähnte alkalische Zuschlag aus Maisasche, welcher dazu dient, das Eisenerz leichtflüssiger beim Schmelzen zu machen; es ist dieses das einzige mir bekannt gewordene Beispiel dieser Art in Afrika.

Die Mandingo gelten für die vorzüglichsten Metallarbeiter in Nordwestafrika. Häufig lassen sie sich als Schmiede unter anderen Völkern nieder und bei den Fullahs werden Metallarbeiten meist durch Mandingosklaven verrichtet. Sie sind auch gute Goldschmiede. „Das Schmelzen des Goldes oder Silbers geschieht gewöhnlich in einem thönernen Tiegel, welcher nach dem Hineinlegen des Goldsandes ganz mit Kohlen bedeckt wird. Die Schmelze wird dann in ein anderes irdenes Gefäß oder in ein Loch in der Erde gegossen und erst später durch neuerliches Erhitzen geformt. Manche dieser Goldgegenstände bestehen aus reinem natürlichen Gold, während bei anderen etwas Bronze beigegeben wird. Die Goldsorten haben eine etwas blasse Farbe, ungefähr so, wie die der englischen Münzen ist. Die Form der Gold- und Silberringe ist in den meisten Fällen die spiralförmig gewundene, wie die der Armbänder, seltener sind flache Ringe mit eingravirten Verzierungen."[1] Woher „die Bronze", welche als Zusatz verwendet wird, stamme, sagt unsere Quelle nicht. Ist es wirkliche Bronze, kein Messing, so wird sie wohl auf dem Handelswege von der Küste zu den Mandingos gelangt sein.

Von den Aschanti wissen wir, daß sie vortreffliche Schmiede und Gießer sind, aber das Eisen nicht aus den Erzen zu erschmelzen verstehen.[2]

[1] Doelter, Über die Capverden nach dem Rio Grande. Leipzig 1884. 178.
[2] Bowdich, Mission nach Ashantee. Weimar 1820. S. 417.

Eisenindustrie in Südafrika. Betrachten wir zum Schluß die Eisengewinnung bei den Südafrikanern. Es sind drei verschiedene Völker oder Stämme, mit denen wir uns hier zu beschäftigen haben: die Buschmänner, die Hottentotten und die Kaffern nebst Verwandten.

Die Buschmänner, am tiefsten auf der Skala der Afrikaner stehend, kennen die Bearbeitung der Metalle in der Glühhitze nicht, geschweige denn die Darstellung des Eisens. Das Rohmaterial zu ihren eisernen Pfeilspitzen erhalten sie von auswärts und es ist dabei charakteristisch, daß sie die Spitzen ihrer Pfeile „mit unendlicher Mühe fast nur mittels einiger geeigneter Steine herstellen“.[1] Sie behandeln also das Metall selbst als Stein.

Den Hottentotten ist dagegen die Bearbeitung des Eisens bekannt, wiewohl es gerade bei ihnen (siehe oben S. 7) am spätesten selbst dargestellt wurde und beim Auftreten der Europäer noch verhältnismäßig selten war. Europäisches Eisen tauschten sie gern ein, doch stellten sie, wie wir durch Kolben u. a. wissen, auch solches selbst dar; unter allen Handwerkern giebt der Hottentott den Schmieden den Vorzug. „Ich kann versichern,“ sagt Kolben, „daß ihre Arbeit, so wie sie selbige verfertigen, keine geringe Geschicklichkeit erfordert. Man muß das Eisenerz suchen, schmelzen, bearbeiten und das alles mit Steinen, statt alles Werkzeuges. Es wird jedermann gestehen, daß die Sache nicht einmal leicht zu begreifen ist. Wollen sie das Erz schmelzen, so graben sie ein großes Loch in die Erde, worin man eine große Menge schütten kann. Dieses Loch erhitzen sie, indem sie viel Holz darin verbrennen. Hernach werfen sie das Erz hinein, viel Holz darüber her und zünden dieses an. Aus diesem Loche geht ein unterirdischer Gang oder Röhre in ein anderes niedrigeres Loch, worin das geschmolzene Eisen läuft (?). Wenn es erkaltet, schlagen sie es mit Steinen zu Stücken und schmieden hernach ebenfalls mit Steinen ihr Gewehr daraus, ihre Pfeilspitzen, Assagaien und Angeln.“[2] So kurz und roh die Beschreibung, läßt sich doch ungefähr der Prozeß verfolgen, aber von einem „Laufen“ des geschmolzenen Eisens kann keine Rede sein, hier muß sich Kolben geirrt haben, auch werden wohl den Hottentotten damals schon die Blasebälge nicht gefehlt haben.

Was die eigentlichen Kaffern, also die südlichsten der Abantu, betrifft, so giebt Fritsch an, daß sie das rohe Eisen aus dem Innern,

[1] Fritsch, Eingeborene Südafrikas. 434.

[2] Peter Kolben's Beschreibung des Vorgebirges der guten Hoffnung. Frankfurt und Leipzig 1745. 177.

also zivilisierteren Gegenden, bezogen und daß wohl nur ein sehr kleiner Teil bei ihnen selbst gewonnen wurde[1], was wieder dafür sprechen dürfte, daß die Kenntnis des Eisenschmelzens von Nord nach Süd vorrückte. Dagegen sind die Kaffern geschickte Schmiede, deren Blasebälge nach der Beschreibung, die FRITSCH giebt, mit jenen der weiter unten zu erwähnenden Barotse übereinstimmen. Das Schmieden geschieht mit entsprechend geformten Steinen, die einfach in der rechten Hand gehalten werden, auf einem flachen Stein als Amboß, was natürlich eine unendlich mühsame Arbeit ist. Die geschmiedeten Produkte sind sehr weich und geschmeidig, so daß man eine dünne Assagaiklinge aufrollen kann, ohne daß sie bricht. Das Geheimnis der geringen Neigung zum Rosten im Vergleich mit europäischem Metall beruht einfach darin, daß das Kaffereisen anhaltend gehämmert und dabei angelassen ist, wodurch ein sehr widerstandsfähiges Häutchen von einer niedrigen Oxydationsstufe auf demselben entsteht, während europäisches Material stark erhitzt, mäßig gehämmert, dann mit der Feile bearbeitet und vielleicht auch noch poliert wird, so daß es eines ähnlichen Schutzes entbehrt. Die afrikanischen Waffen sind demgemäß auch nicht blank, sondern von einer bräunlich grauen Färbung.[2] Von den benachbarten Zulu berichtet KRANZ, daß sie allerdings das rohe Eisen aus den Erzen darstellen, wobei sie Blasebälge von der gewöhnlichen Form und beim Ausschmieden Steine benutzen[3] und so auch bei den Betschuanen, die ihr Rohmaterial aus Raseneisenstein erhalten. „Sie bauen einen Meiler (!) von Kohlen auf ebener Erde oder in einer Vertiefung, von wo thönerne Röhren in radiärer Richtung nach außen führen, um von allen Seiten mittels Blasebälgen einen starken Luftstrom hineintreiben zu können. Wenige zerkleinerte Erzstücke, welche in der Mitte aufgehäuft sind, kommen so durch andauerndes Erhitzen allmählich zum Schmelzen und werden in ein unreines Roheisen (!) verwandelt, welches nachher durch Hämmern und wiederholtes Erhitzen weiter gereinigt wird.“[4] Die Speerspitzen der Betschuanen zeigen dieselben feinen und künstlichen Widerhaken und Ansätze, wie die der Monbuttu und Bongo. Am höchsten stehen aber, nach HOLUB's Urteile, unter den Südafrikanern in der Eisenbearbeitung die Völker des Marutsereiches am mittleren Sambesi. HOLUB, der uns allerdings nicht sagt, ob sie das rohe Material aus den Erzen erschmelzen, beobachtete bei ihnen Blasebälge, drei

[1] FRITSCH a. a. O. 72. [2] FRITSCH a. a. O. 71. 72.

[3] KRANZ, Natur- und Kulturleben der Zulus. Wiesbaden 1880. 66.

[4] FRITSCH a. a. O. 172.

Arten von Hämmern, Werkzeuge um Löcher ins Eisen zu schlagen, Bohrer für Metall und Holz, Zangen, Amboße, Meißel.[1] Die Form der Hämmer gleicht der europäischen; da aber die südlicheren Völker, welche weit mehr dem europäischen Einflusse ausgesetzt waren, solche Geräte nicht kennen und das Land am mittleren Sambesi überhaupt erst durch LIVINGSTONE erschlossen wurde, so würde hier kaum auf Entlehnung zu schließen sein, wenn nicht HOLUB ausdrücklich berichtete, daß die Barotse unsere Kugelzieher und Schrauben bereits nachahmten. Die Zange (Fig. 14) ist dagegen wieder echt afrikanisch, wiewohl auch einen Fortschritt aufweisend: ihr zu Grunde liegt das gespaltene durch einen laufenden Ring weit und eng stellbare Stück Holz, doch ist sie aus Eisen. Die Blasebälge (Fig. 13) sind zwei hölzerne Schüsseln, oben mit Leder überzogen, von

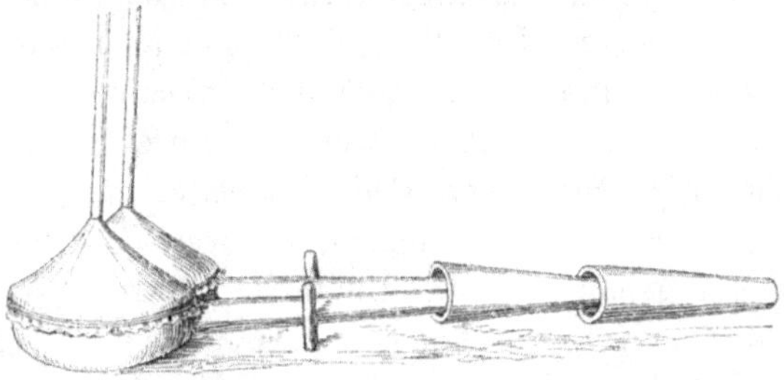

Fig. 13. Blasebalg der Marutse. Nach HOLUB.

denen zwei Holzröhren ausgehen, die zunächst in zwei Hornröhren, aus den Hörnern der Säbel- oder Gemsbockantilope, führen und dann in eine thönerne Düse münden. Das ganze Instrument ist $1-1^1/_4$ m lang.

Gesamtbild der afrikanischen Eisenindustrie. Versuchen wir es, nach den mitgeteilten Einzelheiten ein Gesamtbild der afrikanischen Eisenindustrie zu entwerfen, so müssen wir zunächst die Verbreitung derselben über den

Fig. 14. Zange der Marutse. Nach HOLUB.

ganzen Kontinent hervorheben. Der Norden kommt für uns nicht in Betracht; hier wirkten von den Tagen des Altertums an die Kulturvölker am Mittelmeer auf die Libyer und wurden später mohamedanische Einflüsse geltend. Von den Ägyptern haben wir gesehen, daß sie früh, bei ihrem Eintreten in die Geschichte, mit dem Eisen vertraut waren, wiewohl Bronze bei ihnen das herrschende Metall war; auch ist es nicht unmöglich, daß von ihnen die Kenntnis der Eisenbereitung zu den Schwarzen überging, wofür oben einige Gründe hervorgehoben wurden, auf die wir indessen nicht allzugroßen Wert

[1] HOLUB in den Mitt. der Wiener geograph. Ges. 1879. 321. 322.

legen, da wir den Neger für vollkommen fähig halten, selbst auf die Eisenreduction zu verfallen, zumal sein Land weit und breit dazu ein gutes, leichtflüssiges Material in den weichen Raseneisensteinen liefert. Die Annahme, daß ein Fortschreiten der afrikanischen Eisenkenntnis von Nordosten nach Süden zu stattfand, wird gestützt durch die hohe Entwickelung des Eisenhüttenwesens bei den Völkern am Bahr el Ghazal und die lange Zeitdauer der Steinzeit im Süden, wo selbst noch die europäischen Entdecker begierige Abnehmer ihres Eisens fanden und einzelne Stämme, wie z. B. die auf der tiefsten Stufe der afrikanischen Völkerskala stehenden Buschmänner, überhaupt die Eisenbereitung und die Schmiedekunst noch heute nicht kennen. Im allgemeinen sind aber alle Afrikaner wenigstens mit der letzteren vertraut und in manchen Ländern hat sich die Eisenindustrie vergleichsweise großartig entwickelt, so daß sie weit über den heimischen Bedarf arbeitet und im reichlichen Maßstabe exportiert, wie in Manjema, das von CAMERON *the black country of Africa* genannt wird. Deutlich läßt sich in Afrika verfolgen, wie mit der Kenntnis und der Darstellung des Eisens das Bedürfnis nach Arbeitsteilung erwacht und verknüpft ist. Hier entwickelt sich ein wirkliches, fast zünftiges Schmiedegewerbe, mit großer Fertigkeit meist von besonderen Klassen oder Familien ausgeübt, während die Töpferei, die Weberei etc. von allen Stammesgliedern betrieben werden. Der Schmied stellt aber überall eine besondere Klasse vor.[1]

Wenn es nun auch scheint, daß eine ungeheuere Menge Eisen in Afrika produziert wird, so darf man doch nicht vergessen, daß dieselbe fast nur zu Waffen und Geräten verwendet wird und „daß ein Stamm von mehreren tausend Menschen im Laufe des Jahres noch nicht eine Tonne Eisen verbraucht“.[2] Überall aber erkennen wir, daß diese Industrie uralt und bodenständig, daß sie die Metallindustrie der Afrikaner *par excellence* ist und jedes andere Metall neben dem Eisen zurücktritt.

Das Rohmaterial zur Eisenerzeugung ist im größten Teile des Kontinentes leicht zur Hand. „Die rote Eisenerde“, welche in den Berichten vieler Reisenden eine Rolle spielt, ist über ungeheuere Strecken Afrikas verbreitet. SCHWEINFURTH schildert sie aus dem Gebiete des weißen Nil; am Ogowé wird der „Laterit“ von LENZ

[1] Nur noch die Gerberei wird bei den Mandingo von den von Stadt zu Stadt reisenden Karrankea oder Gaungay zünftig betrieben, während die übrigen Einwohner sich nicht damit abgeben (MUNGO PARK's Reise in das Innere von Afrika. Hamburg 1799. 330).

[2] THOMSON, Expedition nach den Seen von Centralafrika. II. 209.

erwähnt, der die weite Verbreitung dieser Gesteinsart in Westafrika auf seiner geologischen Karte[1] darstellt. M. BUCHNER fand diese ziegelrote, die Oberfläche der Hochplateaus bildende Erde im Innern ganz Südwestafrikas, an den südlichen Zuflüssen des Kongo. Nach ihm ist sie wahrscheinlich ein Verwitterungsprodukt *in situ*, aus älteren krystallinischen Gesteinen entstanden. Der Eisengehalt, der dem Laterit die Färbung erteilt, rührt von Eisenglanz her. Die Zusammensetzung dieses Laterits ist 80,5 Kieselsäure, 11,0 Thonerde und 4,0 Eisenoxyd.[2] DOELTER, der den Laterit am Rio Grande studierte, giebt an, er sei Detritusmaterial, aber nicht *in situ* gebildet. Er hat nachgewiesen, daß unter diesem Namen sehr verschiedene Gesteinsarten verstanden werden und identifiziert den nordwestafrikanischen teilweise mit dem indischen Laterit als eine braune, sehr eisenreiche, dichte, an der Luft vollkommen harte Masse, mit eingestreuten Quarzkörnchen, welche abgerollt sind, und eingeschlossener weißer, lehmiger Substanz.[3]

Die im Laterit eingebetteten leichtflüssigen Brauneisensteine bilden das gewöhnliche Material. Man liest sie meist an der Oberfläche, in Flüssen und Regenschluchten auf oder schürft nur leicht nach ihnen. Doch sind auch Gruben bekannt, die ohne jede bergmännische Geschicklichkeit angelegt werden und in Urua bis 10 m tief sein sollen. In Usanga am Kilimandscharo verarbeitet man magnetischen Eisensand.

Ein Rösten dieser Erze vor dem Reduktionsprozeß ist nirgends erwähnt und im allgemeinen sind Zuschläge zur Beschickung, wie Kalk etc., unbekannt; nur bei den Mandingo wird ein Zuschlag von Alkali, aus Pflanzenasche gewonnen, erwähnt. Der Neger reduziert seine leichtflüssigen Erze einfach durch Kohlen oder gar Holz (wie in Usanga). Die Köhlerei ist verschieden entwickelt. Bei Bongo und Djur, die sonst sehr hoch in der Eisenindustrie dastehen, findet eine sehr unvollkommene Verkohlung des Holzes statt. Klein gehackte Holzstücke werden schnell in Brand gesteckt, in vollen Flammen auseinandergeworfen und dann gelöscht. Dagegen sah CAMERON in Urua „rauchende Kohlenmeiler" und LENZ war erstaunt, bei den Fan und Osaka im äquatorialen Westafrika gut hergestellte, mit Erde gedeckte Meiler zu finden, wiewohl sie die erzeugten Kohlen auch nicht zum Ausschmelzen der Erze, sondern nur zum Schmiedefeuer benutzen. Die Betschuanen in Südafrika

[1] PETERMANN's Geographische Mitteilungen. 1882. Taf. 1.

[2] Ausland. 1883. S. 850.

[3] DOELTER, Über die Capverden nach dem Rio Grande. Leipzig 1884. 220 ff.

brennen aber die Holzkohlen, die sie zum Eisenschmelzen gebrauchen, in förmlichen Meilern.[1]

Dieselben Fan, welche regelrechte Meiler bauen, reduzieren das Eisen nach der allerrohesten, primitivsten Weise, indem sie das Erz in immer erneuten flammenden Holzstößen ausschmelzen, wobei ein Produkt erhalten wird, bei dem die nachfolgende Schmiedearbeit das beste noch thun muß. Eine Stufe höher steht das Verfahren der Ganguellas und Ostafrikaner (nach Burton), bei denen das Erz in Gruben, mit Kohlen und Holz gemischt, einem Gebläsestrom ausgesetzt ist. Zu regelrechten Schmelzöfen aus Thon — gemauerte Öfen kommen nirgends vor — haben sich endlich manche Völker emporgeschwungen, Schmelzöfen mit Rasten und Herd, von $1^1/_2$ m, ja bei den Serrakoletts bis 4 m Höhe. Die Reduktion geht überall, wie die Schilderungen ergeben, sehr leicht und verhältnismäßig schnell vor sich; das Eisenerz formt sich unter dem Einflusse der reduzierenden Holzkohle und der Gebläseluft zu einem weichen, wenn auch nicht flüssigen, zusammengeschweißten Klumpen. Das Eisen ist nicht flüssig und kann nicht „abgestochen" werden, wie das Roheisen unserer Hochöfen.

Die Gebläse sind allerdings sehr einfacher Natur, aber doch stark genug, um, wenn wir Stanley glauben sollen, ein Brausen hervorzubringen, das eine halbe englische Meile weit hörbar ist. Ganz Afrika kennt die Blasebälge und sie werden beim Ausschmelzen des Eisens wie beim Schmieden von derselben fast überall gleichen, nur wenig abweichenden Form angewendet, die ähnlich schon auf den altägyptischen Monumenten erscheint. Die verbreitetste Form, die vom Weißen Nil bis zu den Betschuanen im Süden reicht, besteht aus zwei thönernen oder hölzernen cylinder- oder trichterförmigen, nach unten zu verjüngten Gefäßen, welche in zwei Luftröhren auslaufen, vor welche noch eine thönerne, seltener hörnerne oder eiserne Düse gelegt ist. Überzogen sind diese Gefäße an ihrem oberen Ende mit elastischen Häuten (oder selbst Bananenblättern), welche abwechselnd auf- und abgezogen werden, um einen alternierenden Luftstrom zu erzeugen. Ventile, wie bei unseren Blasebälgen, sind in ganz Afrika unbekannt und ich lege der ganz isolierten oberflächlichen Erwähnung derselben bei Cameron nicht den geringsten Wert bei. Blasebälge einer etwas anderen Art werden aus Bornu und vom Njassasee, sowie vom Kilimandscharo erwähnt. Die Ledersäcke derselben zeigen am oberen, mit den

[1] Lichtenstein, Reise im südlichen Afrika. Berlin 1812. 523.

Händen gefaßten Teile einen Schlitz, längs dessen zwei flache Stöcke befestigt sind; indem man die Bälge mit der Hand öffnet und emporhebt, dann schließt und niederdrückt, erzeugt man den gewünschten Luftstrom. Solche Bälge kommen auch in Indien vor.

Das erschmolzene, weiche Eisen ist fast überall dasselbe und wird gewöhnlich gleich von den Schmieden durch fortgesetztes Hämmern weiter verarbeitet und gereinigt. Die Bongo unterwerfen das kohlenstoffreiche Produkt noch einer Art von Frischprozeß und die Luchazes im Gebiete des oberen Cubango sollen es sogar verstehen, Stahl herzustellen. Um Feuer zu machen, verwendet merkwürdigerweise dieser Stamm Stahl, Zunder und Feuerstein. Letzteren beziehen die Luchazes durch die Kioko auf dem Handelswege, „während sie den Stahl selbst aus Schmiedeeisen herstellen, das in rotglühendem Zustande in kaltes Wasser geworfen und dadurch gehärtet wird“.[1] Es fehlt auch nicht an einer gewissen Ökonomie beim Eisenschmelzen der Schwarzen, wie denn von den Djur bekannt ist, daß sie durch Pochen und Waschen der Schlacken die noch darin enthaltenen Eisenteilchen zu gewinnen trachten.

Der Schmied, oft noch der Wanderschmied, der durch eifriges Hämmern das unrein erhaltene Produkt dieses primitiven Prozesses weiter verarbeitet, bedient sich gleichfalls nur höchst einfacher Werkzeuge. Aber gerade dadurch erregt er unsere Bewunderung, da die von ihm hergestellten Erzeugnisse im umgekehrten Verhältnisse zu seinen elenden Werkzeugen stehen. Die Lanzenspitzen der Bongo und Monbuttu sind von solcher Feinheit, daß sie mit jeder europäischen Schmiedearbeit den Wettbewerb aushalten. Den Blasebalg kennen wir schon; er ist beim Schmiede derselbe wie beim Hüttenmann. Der Amboß ist meist noch ein Stein, seltener ein Stück in den Boden gelassenes Eisen; ebenso der Hammer.[2] Wir können

---

[1] Serpa Pinto a. a. O. I. 236. Diese Art des Härtens war schon zur Homerischen Zeit bekannt, wie aus der Stelle hervorgeht, wo Odysseus den Polyphem blendet, Odyssee IX. 393—395:

So wie der Erzarbeiter die Holzaxt oder das Schlichtbeil
In abkühlendes Wasser mit mächtigem Zischen hinabtaucht,
Um es zu härten mit Kunst; das giebt ja dem Eisen die Stärke.

[2] Auch bei unseren indogermanischen Vorfahren bestanden die ursprünglichen Schmiedewerkzeuge aus Stein; Beweis dafür die Häufigkeit der Namen dieser Werkzeuge, welche aus dem Worte für Stein (Sanskrit *áçman* = Altslavisch *kamen*) hervorgehen. Hierher gehören im Germanischen altnordisch *hamarr* = althochdeutsch *hamar* und griechisch *κάμινος*, Ofen. Im Sanskrit *áçman* Hammer und Amboß.

den letzteren in drei Stadien der Entwickelung verfolgen. Er tritt zunächst auf als einfacher, länglicher Stein, der mit der sehnigen Faust erfaßt wird; ein Fortschritt ist es schon, wenn er durch ein konisches Eisenstück ersetzt und gleichfalls mit der Hand bewegt wird. Zum Hammerstiel hat der Neger sich nirgends aus eigenem Triebe emporgeschwungen, wohl aber lernen wir bei ihm einen nicht uninteressanten Übergang kennen, indem der schwere Schlag- oder Hammerstein mit einem Lederriemen umfaßt wird, an welchem wieder Schlingen für die Hand befestigt sind (bei Şerracolletts etc.) oder mit Bastseilen, wie bei den Mangandscha. Zum Schneiden, Formen, Spalten und Modellieren feiner Teile des rotglühenden Metalles benutzt man einen einfachen Meißel oder in Ermangelung eines solchen eine Lanzenspitze. Die Zange besteht im primitivsten Falle aus ein paar Rindenstücken oder sie ist ein gespaltenes Stück frisches Holz mit einem laufenden Ringe darüber zum Enger- oder Weiterstellen dieser Klammer. Einen Fortschritt deutet es an, wenn dieselbe (wie bei den Barotse) aus Eisen hergestellt wird, doch noch genau nach dem Modell der hölzernen Zange. Das Drahtziehen ist bei vielen Negerstämmen bekannt und hier und da wird auch das Schweißen erwähnt.

Heute noch steht die afrikanische Eisenindustrie in ihrer alten urtümlichen Form vor uns, doch dürften ihre Tage gezählt sein, je mehr der schwarze Kontinent erschlossen und dem weißen Händler zugängig gemacht wird. Sobald Berührungen mit Europäern stattfinden, beginnen sich europäische Einwirkungen auf die Eisenindustrie der Schwarzen einzustellen, so daß man, will man letztere in ihrer Ursprünglichkeit kennen lernen, sich an unberührte Stämme halten muß. Die Schmiede in Sennar haben bereits europäische Hämmer und Zangen angenommen, und die Barotse am mittleren Zambesi, in einer Gegend, die erst vor dreißig Jahren bekannt wurde, kennen schon unsere Bohrer, Kugelzieher, Feilen und Hämmer. Geht so die Ursprünglichkeit im Gewerbe durch Fremderlerntes zu Grunde, so ist die afrikanische Eisenindustrie an sich selbst in Frage gestellt durch das Einströmen billiger europäischer Produkte, mit denen die heimischen Erzeugnisse nicht zu konkurrieren vermögen.

Die Stellung der Schmiede in Afrika. Wo das Eisen im Volksmunde auftritt und Traditionen von seinem Ursprunge erzählen, sind häufig sonderbare Vorstellungen mit demselben verknüpft: dem Schmiede haftet etwas geheimnisvolles an. Das neue Metall, welches bestimmt war, den Stein zu ersetzen, ist den alten

Geistern, den Elfen und Nixen, die dem Steinalter entstammen, verhaßt und wird ihnen gefährlich, daher man denn auch zum Schutze gegen jene Hufeisen an die Stallthüren nagelt, was in England „noch bei der Hälfte der Stallthüren“ der Fall ist.[1] Ein Messer in den Wirbelwind geworfen, ist in Deutschland ein Mittel, den in der Windsbraut einherfahrenden Dämon zu verwunden.[2] Nach dem Glauben der ägyptischen Fellahs haben die Dschinnen großen Respekt vor dem Eisen. Sehen sie eine Sandhose kommen, so rufen sie dem darin sitzenden Geiste zu: *Chadid ya maschun,* Eisen, o Unseliger! und glauben sich dadurch geschützt.[3] Umgekehrt wird es in hieratischen Dingen damit gehalten: der steinerne Altar wird aus unbehauenen Steinen errichtet, denn das Eisen entweiht ihn.[4] Und so ähnlich noch vielfach.

Einheimische Traditionen, welche auf den Ursprung des Eisens in Afrika hinweisen, sind bisher wenig bekannt geworden, doch dürften dieselben gewiß nicht fehlen. Während, namentlich in Südafrika, sich in Sagen und Märchen noch Erinnerungen an die Steinzeit erhalten haben[5], ist mir nur eine Stelle aufgestoßen, die vom Ursprunge des Eisens redet. „Die Leute (im Westen des Njassasees) sagen, die Kunst, das Eisen zu schmelzen, sei ihnen von Chisumpi gelehrt worden, welches der Name von Mulungu (Gott) ist.“[6] Hier weist also die Tradition auf einen höheren, göttlichen Ursprung des nützlichen Metalles hin, wie dieses auch bei anderen Völkern der Fall ist. Damit wird zugleich die afrikanische Eisenkenntnis in ein hohes Alter hinaufgerückt, wofür auch andererseits die besondere Stellung, welche die Schmiede einnehmen, spricht. Es ist dieses jedoch nicht etwa eine spezifisch afrikanische Erscheinung, sondern bei allen Völkern, wo es Schmiede giebt, tritt derselbe Fall ein.[7] Die afrikanischen Schmiede sind, unabhängig von geographischer oder ethnographischer Gruppierung, bald verachtet, bald hochgeehrt und stets klebt ihrer Beschäftigung etwas geheimnisvolles an, so sehr, daß sie auch, wo sie eine Pariastellung ein-

---

[1] TYLOR, Anfänge der Kultur. I. 140.

[2] SCHÖNWERTH, Aus der Oberpfalz. II. 113.

[3] MANNHARDT, Baumkultus. Berlin 1875. 132.

[4] 2 Mos. 20, 25.

[5] Vergl. das Hereromärchen in BLEEK, Reinecke Fuchs in Afrika. Weimar 1870. 71.

[6] D. LIVINGSTONE's Letzte Reise. Deutsch. Hamburg 1875. I. 183.

[7] R. ANDREE, Ethnographische Parallelen. Stuttgart 1878. 153. „Der Schmied.“

nehmen, mit einer gewissen Scheu betrachtet werden. Die Erklärung, daß die Schmiede, als eine besondere Kaste bildend, von anderer Abstammung als die übrigen Mitbewohner eines Landes seien, wird hier nicht immer ausreichen, wennschon dieselbe sehr oft zutrifft. Wenn ein eroberndes Volk, welches das Schmiedehandwerk nicht kennt, in dem von ihm besetzten Lande bereits Schmiede vorfand, welche das Metall zu bearbeiten verstanden, so mußte es natürlich die ihm fremde, geheimnisvolle Kunst bewundern, aber auch fürchten. Wegen der augenscheinlichen Nützlichkeit ließ es aber die Unterjochten bei ihrem Gewerbe, zog daraus die nötigen Vorteile, verachtete aber die Träger der ihm ursprünglich fremden Kunst und betrachtete sie gleichsam mit Scheu als Zauberer und Träger überirdischer Kräfte. Andererseits aber, wenn die nützliche Kunst ein tiefer stehendes Volk von einem höher stehenden erlernt hatte, so blieb sie und diejenigen, welche sie erlernt, in besonderer Gunst und Verehrung; die Schmiede wurden der bevorzugte Stand.[1]

Hoch in Ehren steht der afrikanische Schmied in Congo, wo er königlicher Abkunft sein soll. Bei den Fan ist der Schmied zugleich Priester und Medizinmann, und die kleinen, kein Eisen produzierenden Völker am Ogowé verehren die Blasebälge der Fan in ihren Fetischhäusern.[2] In den Kimbundaländern ist der Schmied (Kangula) der vornehmste Handwerker; der Schmiedeobermeister oder „Fürst der Eisenarbeiter“ hat bei Hofe in Bautschi eine der höchsten Stellen. Dagegen tritt uns die entgegengesetzte Anschauung, welche einer Pariastellung der Schmiede gleichkommt, bei mindestens ebensoviel afrikanischen Völkern entgegen. Der Eisenschmied ist bei den Bari am Weißen Nil verachtet. Ausgestoßen und verachtet sind die Schmiede (Adschwôn) bei den Dinka; diese Verachtung ist bei den Dscholofs so groß, daß nicht einmal ein Sklave in eine

[1] Es läßt sich historisch nachweisen, wie Schmiede und Metallarbeiter von den Siegern in deren Land verpflanzt wurden, wo sie, dem besiegten Stamme angehörig, nun eine Kaste bildeten. Nebukadnezar führte die Schmiede aus Juda nach Babel (2 Kön. 24, 14) und der Inka Yupanqui brachte die Metallarbeiter des von ihm eroberten Reiches Chimu nach seiner Hauptstadt Cuzco (Squier, Peru. London 1877. 170).

[2] Es möge hierzu eine indische Parallele Platz finden. Bei den Bhils, einem der wilden Urstämme Vorderindiens, steht das Eisen in hoher Verehrung. Lanzenspitzen oder Pflugscharen werden an Baumzweige gehängt und diesem Eisen widmet der Bhil die Erstlingsfrüchte der Ernte oder Teile seiner Beute. Der Ursprung dieses Brauches soll in die Zeit der Einführung des Eisens bei den Bhils zurückreichen. L. Rousselet, Revue d'Anthropol. II. 61. 1873.

Schmiedefamilie hineinheiratet. Ausgeschlossen aus der Gesellschaft sind die Schmiede bei den Tibbu. Jemanden dort einen Schmied nennen ist eine Beleidigung, die nur mit Blut abgewaschen werden kann. Das Handwerk erbt dort innerhalb der streng geschiedenen Kaste vom Vater auf den Sohn. Der Grund dieser Pariastellung ist hier um so schwerer zu ergründen, als, wie NACHTIGAL ausdrücklich hervorhebt, die Schmiede mit ihren übrigen Landsleuten desselben Ursprunges sind. Auch in Wadai nimmt der Schmied diese Stellung ein, trotzdem ist ihr „Sultan“ ein höchst angesehener Mann, der Zutritt zum Harem des Herrschers hat und bei dessen Thronbesteigung dessen Verwandten verschneidet. Unter den Somal ist es die Pariakaste der Tumalod, welche das Schmiedehandwerk betreibt.[1]

Die europäische Parallele. Man mag die sogenannte Bronzeperiode so hoch in die Zeit zurückschieben, wie man will, so wird sie doch bei den indogermanischen Völkern Europas nicht bis in eine Periode hineinragen, welche unsere Völker oder deren damaliges Äquivalent auf einer niedrigeren Kulturstufe antrifft, als die Afrikaner von heute zeigen. In vielen Stücken, das beweist die vergleichende Sprachwissenschaft, standen sie entschieden höher als die gegenwärtigen Neger und es liegt kein innerlicher Grund vor, daß bei ihnen, wo Feuer und Kohle bekannt und Raseneisenerz vorhanden war, nicht jener allereinfachste Verhüttungsprozeß stattgefunden hat, der bis ins vorige Jahrhundert noch in Deutschland ausgeübt wurde und in Catalonien erst vor nicht langer Zeit verschwand. Die alte Luppenfrischerei und Stückofenarbeit ist die echte Parallele zu dem Eisenhüttenwesen der Naturvölker.

Wenn auch bei HOMER das Eisen als mühsam dargestellt — *πολύκμητος σίδηρος* — bezeichnet wird und nicht gediegen, wie Gold, Silber, Kupfer, vorkommt, so ist doch seine Erschmelzung keine mit besonderer Schwierigkeit verknüpfte Arbeit, wie die afrikanische Eisenindustrie uns bewiesen hat. Während die Bronze, eine Legierung aus zwei Metallen, die in den seltensten Fällen nebeneinander vorkommen, eine weit höhere metallurgische Kunst

[1] BASTIAN, San Salvador. 161. — LENZ, Skizzen aus Westafrika. 85. — MAGYAR, Reisen in Südafrika. I. 338. — ROHLFS, Quer durch Afrika. II. 156. — v. HARNIER in PETERMANN's Ergänzungsheft No. 10. 133. — PRUYSSENAERE daselbst No. 50. 25. — MOLLIEN, Reise in das Innere von Afrika. 49. — NACHTIGAL, Sahara und Sudan. I. 443. — Derselbe in Zeitschrift der Ges. f. Erdkunde zu Berlin. VI. 533 und XII. 43. — HILDEBRANDT in Zeitschrift für Ethnologie. 1875. 4.

und die Kenntnis des Gießens und Formens erfordert, ergeben weiche Brauneisensteine in heftigem Kohlenfeuer behandelt schon ein schmiedbares Eisen. Zu dieser Entdeckung kann der Zufall geführt haben, was bei der Bronze kaum denkbar ist.

Bei unseren europäischen Vorfahren müssen wir uns die älteste Darstellung des Eisens gerade so vorstellen, wie wir dieselbe bei den Negern kennen gelernt haben, und dieses älteste Verfahren reichte bis in die Neuzeit unverändert herein. Die Geschichte unseres Eisenhüttenwesens beginnt mit den Luppenfeuern, dem Schmelzprozeß in Gruben und geht über zu den bis ins vorige Jahrhundert gebräuchlichen Wolfs- oder Stücköfen, die von entwickelteren afrikanischen Öfen nicht sehr verschieden waren und gleich diesen kein flüssiges Roheisen, sondern ein ungeschmolzenes, stahlartiges Eisen lieferten.

Die Überreste des alten Eisenhüttenbetriebes in Deutschland sind gar nicht so selten; sie werden mehr und mehr aufgefunden, seit man seine Aufmerksamkeit darauf wendet. Am Hüttenberger Erzberge in Steiermark deuten alte Halden und Schmelzgruben auf derartige Eisenindustrie. Erst wenige Jahrhunderte sind darüber verflossen, daß in der dortigen Gegend noch jeder einzelne Grundbesitzer und Höfler bei seinem Hause am Erzberge kleine 2—3 m hohe Öfen besaß, in denen mit Kohlen die den alten Erzgängen geraubten Erze verhüttet wurden. Noch sind die alten Ofenruinen zahlreich vorhanden. Älter als diese sind die gleichfalls vorhandenen Gruben, die einfach in den ebenen Thalboden gegraben, mit Lehm ausgeschlagen sind und keinen Luftkanal an der unteren Bodenfläche zeigen. Graf WURMBRAND fand in solchen wenig reduzierten Eisenstein, Schlacken und rohe Topfscherben.[1] Auch ganz ähnlich gestaltete römische Schmelzgruben hat Graf WURMBRAND in der dortigen Gegend nachgewiesen und schließlich hat derselbe Forscher das alte Schmelzverfahren in Gruben unter Zuhilfenahme eines einfachen Blasebalges nachgeahmt, wobei Holzkohle und geröstetes Erz schichtenweise gelagert wurde. In 48 Stunden reduzierte er 12,5 kg Eisen, das nach seiner Abkühlung sich gleich zu Lanzenspitzen verarbeiten ließ.[2]

Über alte Eisenschmelzen im Posenschen, wo in der primitivsten Weise Raseneisensteine ausgeschmolzen wurden, berichtet W. SCHWARTZ[3], über ganz ähnliche in der Lausitz und Westfalen

[1] Arch. f. Anthropologie. XI. 401.

[2] Korrespondenzblatt d. deutsch. Anthropol. Ges. 1877. 151.

[3] Verhandl. Berl. Anthropol. Ges. 1881. 88.

Bergrat Viedenz[1]; ungeheuere Schlackenhaufen, Reste prähistorischer Eisenwerke bei Ramsen in der Pfalz, fand C. Mehlis[2], sehr große alte Schlackenhalden, die Reste eines etwas komplizierteren Schmelzverfahrens (mit Tiegeln), entdeckte H. Wankel nördlich von Brünn bei Ruditz und Habruwka.[3] Mehlis hat endlich auch die altrömischen Eisenwerke von Rufiana (Eisenberg) in der Pfalz mit ihren Öfen, Düsen und Luppen wieder an das Tageslicht gezogen.[4]

Überall war zu jenen Zeiten die Eisendarstellung in Europa nur ein Handwerk, wie es bei den Negern betrieben wurde, keineswegs eine Fabrikation. Die ganzen notwendigen mechanischen Leistungen, wie die Windgebung und das Aushämmern der mit Schlacken verunreinigten, im primitiven Schmelzofen erhaltenen Eisenluppen, wurden durch der Hände Arbeit besorgt; von irgend welchen Maschinen ist bei unseren Vorfahren so wenig wie bei den Negern die Rede gewesen.

---

## Das Kupfer bei den Nigritiern.

Vorkommen und Darstellung. Kupfer gehört in Afrika zu den nicht selten vorkommenden, in der Ausbeute aber auf einige wenige Lokalitäten beschränkten Metallen. Seit alter Zeit wird es im Norden wie im Süden von den Eingeborenen erschmolzen und in den Handel gebracht. Daß es als gediegenes Metall zur direkten kalten Verarbeitung gelange, ist mir für Afrika nicht bekannt geworden. Die Hauptvorkommnisse, von denen aus es auf Handelswegen weit und breit über den Kontinent verbreitet wird, sind folgende:

Zunächst die vielfach genannte Hofrat e Nahhas im Süden von Darfur. Russegger, der zuerst diese Kupferbergwerke erwähnt, gab an, daß das Metall dort gediegen in Form feiner Gräupchen vorkomme.[5] Indessen dieses beruht auf falschen Erkundigungen. Nach den von v. Heuglin eingezogenen Nachrichten wird das Kupfer

---

1 Verhandl. Berl. Anthropol. Ges. 1881. 133.
2 Korrespondenzblatt. 1878. 73.
3 Mitt. d. Wiener Anthropol. Ges. VIII. 312.
4 Korrespondenzblatt. 1883. 147.
5 Hartmann, Skizze der Nilländer. Berlin 1865. 64.

dort metallurgisch gewonnen. „Die Kupfererze werden an Schluchten gebrochen, gewaschen und in einer Vertiefung mit Kohle geschichtet. Zwei bis drei Schafhäute dienen den Arbeitern als Blasebälge. Beim Niedergehen des Satzes entwickelt sich eine giftige grüne Flamme. Das Ausbringen eines Schmelzprozesses beträgt zwischen 12 bis 15 Rottel schönes Rotkupfer.“[1]

SCHWEINFURTH sah das Kupfer von Hofrat e Nahhas im Handel in der Form geschmiedeter kantiger, sehr plumper Ringe von $2^1/_2$ bis 25 kg Gewicht und in $^1/_2$ oder 1 kg schweren, länglich ovalen Barren oder Kuchen von ziemlich unreiner Gußmasse. Er zahlte für 40 kg 75 Mariatheresiathaler. Auch von dem kupferhaltigen Mineral erhielt SCHWEINFURTH Proben; es bestand aus Kies- und Quarzstücken mit Malachitbeschlag.[2] Wie weit dieses Kupfer von Hofrat in Afrika durch den Handel verbreitet wird, erkennen wir aus der Angabe von HEINRICH BARTH[3], daß es, über Wadai kommend, auf dem Markte von Kano den hauptsächlichsten Vorrat ausmacht und hier in Konkurrenz mit dem europäischen, über Tripolis importierten Kupfer tritt.

Hofrat e Nahhas ist zum ersten Male im Jahre 1876 von dem Amerikaner PURDY besucht worden, dessen Bericht[4] ich vollständig hier wiedergeben will. „Heufrah,“ schreibt er, „liegt auf dem rechten Ufer des Bahr-el-Fertit, einem Zuflusse des Bahr-el-Arab. Das Dorf ist von dem Flusse eine halbe Meile *(mille)* entfernt und die im Sudan so berühmten Kupferwerke liegen einen Kilometer südwestlich vom Dorfe. Die Mineralader ist schon in weiter Entfernung sichtbar; sie tritt etwa 50 cm über die Oberfläche des Bodens hervor und verläuft von Nordwest nach Südost. Man hat hier eine etwa 140 m lange, 14 m breite und 2—3 m tiefe Ausgrabung gemacht. Aus dieser Aushöhlung ist eine große Menge Mineral herausgefördert worden; etwas weiter westlich hat man einen 8,5 m tiefen Schacht abgeteuft, der eine weißliche Thonmasse durchsetzt. Die Arbeiter benutzen nicht das ganze Mineral, sondern nur den kupferreichsten Teil desselben, ein fast reines Karbonat oder Bikarbonat. Die Ausschmelzung erfolgt in einfachen Thonöfen. Die gemachten Beobachtungen berechtigen zu dem Glauben, daß man

[1] v. HEUGLIN im Ergänzungsheft No. 10 zu PETERMANN's Mitteilungen. Gotha 1862. 107.

[2] SCHWEINFURTH, Im Herzen von Afrika. II. 389.

[3] Reisen in Nord- und Centralafrika. II. 159.

[4] Bulletin de la société Khédivale de Géographie No. 8. Mai 1880. 9 und 10.

hier eine große Menge dieses guten Minerals finden kann. Die Minen liegen etwa 28 m über dem Hochwasser des Bahr-el-Fertit. Die oben erwähnte Erzader ist die einzige, welche heute bearbeitet wird. Doch findet man in einem Umkreise von 500 m unzählige alte Schächte. Heufrah liegt unter 9° 48′ 24″ nördl. Br. und 24° 05′ 38″ östl. L. v. Gr. Das Land ist ringsum durchaus eben und der Horizont nirgends von Bergen begrenzt.“

Leider erfahren wir von diesem einzigen Augenzeugen gar nichts näheres über den eigentlichen metallurgischen Prozeß. Es wäre aber gerade sehr wünschenswert, daß über diese primitive Ausbringung der Kupfererze uns Kunde würde, da das Kupfer denn doch nicht so einfach wie das Eisen darzustellen ist, wenigstens nicht das „gare“, für die Technik verwendbare Kupfer, welches erst eine Raffinierung durchgemacht haben muß, wie dieselbe auch in Indien ausgeführt wird.

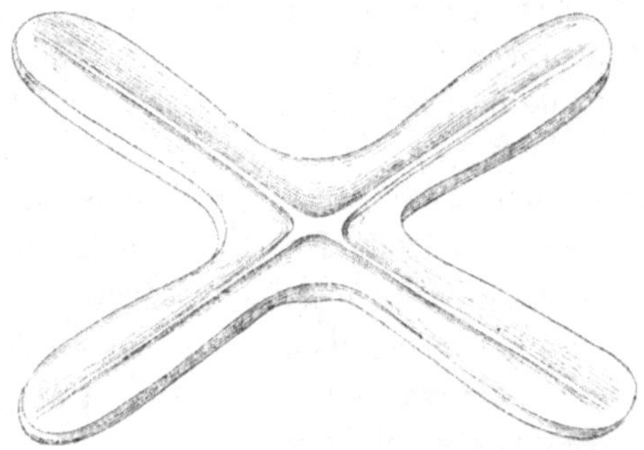

Fig. 15. Handakupferbarre. Nach CAMERON.

Ein zweites und für die Verbreitung des Kupfers in Afrika wichtiges Vorkommen ist jenes von Katanga, welches nach CAMERON's Karte etwa unter 10° südl. Br. und 26° östl. L. liegt. Es wird hier in großen Mengen gewonnen und zu Stücken von $1^1/_4$ bis $1^1/_2$ kg Schwere geformt, welche den Namen Handa führen. Sie haben die Gestalt eines roh geformten Andreaskreuzes und messen in der Diagonale 33—35 cm, während die Arme etwa $4^1/_2$ cm breit und 1 cm dick sind. Bei manchen läuft oben an den Armen ein erhabener Streifen hin (Fig. 15). Diese Kupferminen sind noch von keinem Europäer besucht worden, sondern nur durch Erkundigungen und durch das Vorkommen ihres Produktes im Handel bekannt geworden. CAMERON traf die kreuzförmigen Kupferstücke zuerst in Uguhha, westlich vom Tanganjikasee. Je neun bis zehn Stücken davon werden übereinander gelegt, zusammengebunden und an die beiden Enden einer Stange gebunden, um so eine Traglast zu bilden. Während das Kupfer so weit nach Osten geht, erreicht es umgekehrt die Westküste, wo es nach LUX in $1^1/_2$—2 kg schweren Stücken in den Handel kommt. In Kimbundu heißen diese kreuzförmigen Stücke „Uwanda“, offenbar derselbe Name wie

Handa.[1] LIVINGSTONE fand Katangakupfer beim Cazembe. Es hatte die Form wie ein großes I; ein Barren wog 25—50 kg. In Uniamwesi (Tabora oder Kaseh, zwischen dem Tanganjika und der Ostküste) sah derselbe Reisende das gleiche Kupfer; es hieß dort Vigera. Daneben war aber auch das in Kreuzesform gegossene zu finden und es wurde dort Handiplé Mahandi genannt.[2] Im letzteren Worte haben wir das „Handa" CAMERON's wieder. Dieses Katangakupfer ist dasjenige, welches am weitesten durch Afrika verbreitet ist.

Von geringerer Bedeutung scheint das Kupfervorkommen und die Kupfergewinnung im Gebiete des Binué, des großen östlichen Zuflusses des Nigers, zu sein. ROBERT FLEGEL schreibt[3], daß Kupfer in größeren Mengen vorkomme und verarbeitet werde in der Gegend von Gazza, einer Stadt etwa drei Tagereisen südlich von Ngaundere gelegen. „Ich habe selbst verschiedene Gegenstände, nach Aussagen aus jenem Kupfer gefertigt, erworben und man erzählt, daß zwei ganz aus Kupfer bestehende große menschliche Figuren dem Ardo Isa, früheren Herrn von Ngaundere, als Kriegsbeute in die Hände gefallen seien."

Im portugiesischen Westafrika werden durch Europäer die großen Kupferminen von Pembe in Angola ausgebeutet, die ausführlich von A. BASTIAN geschildert sind.[4]

Großartig und seit altersher bekannt ist der Kupferreichtum von Klein-Namaqualand, wo die Kupferminen sich über einen Flächenraum von 8000—9000 englischen Quadratmeilen ausdehnen und wo das Erz sich nicht nur in den Schichten der Erde, sondern reichlich an der Oberfläche findet. Zahlreiche Aktiengesellschaften beuten dasselbe aus.

In Transvaal findet sich häufig Buntkupfererz und Kupferlehm und es ist von Wichtigkeit zu hören, daß hier alte Gruben in Menge vorkommen, die früher von den Kaffern ausgebeutet wurden[5], denn keineswegs ist die Kupferindustrie in Südafrika erst durch die Europäer eingeführt worden. Selbst die Hottentotten stellten dieses Metall (wie das Eisen) durch Ausschmelzen der Erze mit Holz in Gruben dar. „Sie graben, schmelzen und polieren es mit unglaub-

[1] CAMERON, Quer durch Afrika. I. 275. II. 121. 128. — LUX, Von Loanda nach Kimbundu. Wien 1880. 123.

[2] DAVID LIVINGSTONE's Letzte Reise. I. 319. II. 216.

[3] Ausland. 1883. 955.

[4] San Salvador. Bremen 1859. 215.

[5] MERENSKY, Beiträge zur Kenntnis Südafrikas. Berlin 1875. 6.

licher Kunst und bereiten die kleinen Zieraten davon, womit sie sich schmücken,“ sagt der alte Peter Kolben.[1]

Verbreitung des Kupfers auf dem Handelswege. Dieses sind die wichtigsten Vorkommnisse des Kupfers in Afrika, soweit bekannt, und von hier hat dasselbe sich auf dem Handelswege zu den Völkern verbreitet, die es nicht selbst erschmelzen, wohl aber, bei der bekannten Schmiedegeschicklichkeit der Schwarzen, gut zu verarbeiten verstanden. Die Monbuttu in Centralafrika kannten das Kupfer bereits, ehe sie mit den von Norden vorrückenden Mohamedanern in Berührung kamen und ihr König besaß große Massen davon. Es stammte aus dem südwestlichen Afrika, ja vielleicht, wie Schweinfurth vermutet, aus Angola. Doch dürften die Minen von Katanga wohl auch hierbei in Betracht zu ziehen sein. Bei diesem Volke sind fast alle künstlichen Zieraten aus diesem Metalle gearbeitet, welches (außer Eisen) das einzige ihnen bekannte ist. Am häufigsten wird es in Gestalt klafterlanger, ausgezogener und flach geschlagener Drähte angewendet, um die Handhaben an Säbeln und Messern, die Lanzenschäfte, Bogen etc. zu umwickeln. Von Kupfer und Eisen sind auch die agraffenartigen Klammern, welche zur Zier an den Holzschilden angebracht sind. Lange Halsketten von Kupfer sieht man häufig und Kupferbeschlag fehlt weder an den aus Büffelhaut geschnittenen Ringen, noch an den dicken Gürtelriemen. Jeder Schmuck, an dem sich Kupfer anbringen läßt, ist damit versehen. Vornehme bestellen sich eigens aus Kupfer geschmiedete Prunkwaffen.[2]

Und noch weit tiefer im Innern Afrikas, bei den Wavinzu am mittleren Congo, fand Stanley, der als der erste Weiße zu ihnen kam, Kupfer im Überfluß. „Es war um die Speerschäfte gewunden und umgab in Ringen ihre Beine und Arme, die Griffe ihrer Messer, ihre Spazierstöcke und hing in Perlenform von ihren Hälsen herab, während schrotförmige Kügelchen desselben an ihren Haaren befestigt waren.“[3]

Wie massenhaft Kupfer- und Messingringe oft zu Zieraten verwendet werden, erkennt man an dem Hauptweibe des Häuptlings Sescheke am mittleren Sambesi. Livingstone schreibt: „Sie trug achtzehn massive fingerdicke Messingringe an jedem Bein und drei Kupferringe unter dem Knie; neunzehn Messingringe am linken und

[1] Beschreibung des Vorgebirges der Guten Hoffnung. Frankfurt und Leipzig 1745. 178.

[2] Schweinfurth, Im Herzen von Afrika. II. 117.

[3] Stanley, Durch den dunklen Weltteil. II. 160.

acht Messing- und Kupferringe am rechten Arm. Das Gewicht derselben behinderte ihr Gehen."[1]

Kupferlegierungen in Afrika. Bei den Altägyptern hieß das Kupfer Chomt; es erscheint wie Silber und Blei in großen aneinandergelehnten Platten abgebildet in der Schatzkammer Ramses III. im Tempel zu Medinet Habu. Unter den Tributgaben, welche die Völker Syriens und Assyriens, die Rotennu, Anaukasa, Asi u. a. Thutmosis III. bringen, wird vorzüglich auch Kupfer in rohen Klumpen, massiv, aber nicht raffiniert, erwähnt, welches nach Tob, d. i. Ziegeln von ca. 2 kg, gemessen wurde.

Chomt bezeichnete aber nicht bloß das Kupfer, sondern auch die verschiedenen Mischungen von Bronze, wie sie häufig bei der Verarbeitung zu Gefäßen, Instrumenten und kleinen Statuen angewendet wurden. In der That bestehen viele Gegenstände in den europäischen Museen, die hierher gehören, nicht aus reinem Kupfer, das sich namentlich für den Guß weniger eignet, sondern aus mannigfaltigen Legierungen, an denen man ohne Zweifel auch die helleren Farben schätzte. Einzelne Stücke des Berliner Museums sind von Vauguelin analysiert worden. Ein Spiegel, den er untersuchte, enthielt 85% Kupfer, 14% Zinn und 1% Eisen. Wenig verschieden sind die Kompositionen anderer Spiegel und Instrumente; ein Dolch enthielt „wenig Zinn". Götter, heilige Tiere, Embleme wurden aus Bronze dargestellt. Das Berliner Museum besitzt eine besonders interessante Bronzestatuette des Königs Ramses II. in Osirisform von feinster Arbeit, welche hohl gegossen ist, wohl das früheste Beispiel von Hohlguß, da sie aus dem 14. Jahrhundert vor Christus stammt. Außerdem finden sich in den Museen noch Instrumente aller Art, wie Sistren, Schlüssel, Löffel, Nägel, chirurgische Instrumente; Waffen, wie Dolche, Beile, Messer, Lanzenspitzen; ferner Spiegel, Spangen, Gefäße, namentlich heilige Schöpfgefäße mit ihren langstieligen Löffeln, Schalen, Näpfe und vieles andere.[2]

Was das Alter der Bronze in Ägypten betrifft, so ist sie schon in den frühesten Zeiten konstatiert worden. Es würde genügend sein, sich auf die im britischen Museum noch vorhandene Zwinge des szepterartigen Stabes Pepis, eines Königs der sechsten Dynastie (3233 v. Chr.), zu berufen. Auch hat Chabas bereits hervorgehoben, daß man Gegenstände aus Bronze in Texten erwähnt findet, die

[1] Livingstone, Exped. to the Zambesi. London 1865. 184.

[2] Lepsius, Die Metalle in den ägypt. Inschriften. Berlin 1871. 91—102.

man in vor der Errichtung der großen Pyramiden liegende Zeiten setzen darf. Sehr schöne Bronzestatuetten der Posno'schen Sammlung werden bis in die Zeit der sechsten Dynastie zurückversetzt; sie sind, bis auf die angesetzten Arme, im Ganzen geformt, der Guß hohl und der Sandkern steckt noch darinnen. Im Gießen von Bronzefiguren scheint danach Ägypten die Priorität zu behaupten.[1]

So verhält es sich mit dem thatsächlichen Vorkommen. Dem gegenüber aber muß hervorgehoben werden, daß in den alten Inschriften Kupfer und Kupfergerät als aus Asien stammend, von asiatischen Völkern gebracht, erwähnt wird, was wieder auf asiatischen Ursprung der Bronze deuten könnte, eine Ansicht, die dadurch bestärkt wird, daß Zinn auf den ägyptischen Denkmälern nicht nachzuweisen ist, wiewohl es, als zur Bronze dienend, den Ägyptern bekannt sein mußte.[2]

An Zinn, um Bronze darzustellen, fehlt es übrigens in Afrika nicht und es wird sogar von den Schwarzen gewonnen. „Ein sehr ergiebiges Zinnbergwerk ist bei Rirué (in Sokoto) im Betrieb, von wo das geförderte Metall nach Wukari und Adamaua, sowie nach Kano und Sokoto verführt wird.“[3] Legierungen von Kupfer und einem anderen Metall sind erst spät von Norden her zu den Völkern am Weißen Nil gelangt, durch die Baggara, welche das Messing den Negern jener Gegenden zuführten, die es höher als das selbstbereitete Kupfer schätzten. Zu Schweinfurth's Zeit (1870) war das Messing erst bis zu den Djur (zwischen 9° und 12° nördl. Br.) vorgedrungen, bei den südlicher wohnenden Völkern aber noch ziemlich unbekannt.[4] Nirgends aber findet sich in diesen Gegenden eine Spur, daß ihre Bewohner die Bronze gekannt oder dargestellt hätten. Wenn Livingstone[5] erwähnt, daß er von einem Häuptling am Südende des Tanganjikasees „zum Andenken ein Messer aus Bronze mit elfenbeinerner Scheide“ erhalten habe, so ist dieses eine isolierte, ohne jede Analogie dastehende Äußerung, die auf einer Verwechselung beruhen kann, und der ich keinen Wert beilegen möchte, wenigstens insoweit es sich um die Darstellung von Bronze bei den Eingeborenen handelt. Die Ausnahme, welche ich oben andeutete, ist aber folgende.

Als Heinrich Lichtenstein im Anfange unseres Jahrhunderts seine südafrikanische Reise machte, kam er auch zu den südlichen

[1] Perrot und Chipiez, Gesch. d. Kunst im Altertum. Ägypten. Deutsch von Pietschmann. 590 ff.

[2] Lepsius a. a. O. 114.

[3] Rohlfs, Quer durch Afrika. II. 207.

[4] Artes africanae unter Djur.

[5] Letzte Reise. I. 237.

Bedschuanenstämmen, bei denen er Ringe aus Kupferdraht, wie er sagt, fand, die durch langes Hämmern selbst hergestellt worden waren, wie ihm halbfertige Stücke bewiesen. Das Metall dieser Ringe aber bestand nach einer Analyse KLAPROTH's aus 93% Kupfer und 7% Zinn. „Da nun bis jetzt," fügt LICHTENSTEIN hinzu, „noch kein zinnhaltiges Mineral im südlichen Afrika gefunden worden ist, so ist es sehr wahrscheinlich, daß diese Ringe noch weiter von Norden herstammen und vielleicht von den Kaffervölkern auf ihren Wanderungen von Alters her aufbewahrt worden sind."[1]

Nach unserer jetzigen Kenntnis der Verhältnisse ist es jedoch nicht notwendig, das letztere anzunehmen, denn Zinn kommt in Südafrika vor, MERENSKY kennt zwei Fundstellen in Transvaal[2], doch ist über die Darstellung des Metalles durch die Eingeborenen noch nichts bekannt geworden und es muß die Quelle des Zinns zu jener Bronzedarstellung noch erforscht werden. Dieses von LICHTENSTEIN mitgeteilte Beispiel des Vorkommens von Bronze bei den Südafrikanern ist nicht das einzige, da dieselbe auch bei den Zulu beobachtet worden ist.

Dr. KRANZ, auf den ich mich wegen der Thatsache beziehe[3], nennt die Legierung „Messing", jedenfalls eine falsche Bezeichnung, da es sich um ein Gemenge von Zinn und Kupfer handelt. Das Kupfer, sagt er, verstehen die Zulu selbst aus den Erzen zu reduzieren — woher aber das Zinn stammt, darüber berichtet er kein Wort und doch wäre dieses von größter Wichtigkeit zu erfahren. Wäre dasselbe europäischen Ursprunges, dann würde diese Bronzebereitung der Zulu auch keinesfalls als autochthone Kunst aufzufassen sein. Den Prozeß selbst stellt unser Gewährsmann folgendermaßen dar: „In einem zerbrochenen irdenen Topf als Schmelztiegel wird ein wenig Kupfer und Zinn mitten in einem Holzkohlenfeuer geschmolzen. Vorher werden nach Art spielender Kinder Haufen oder Häufchen von feinem Sand gemacht und mit einem dünnen Stock Löcher in schiefer Richtung hineingebohrt, wohinein das geschmolzene Metall nachher gegossen wird. Die so entstandenen dünnen Messingstöcke (sic!) werden dann mit einem kleinen Hammer auf einem Stein gehämmert und zwischendurch wieder im Feuer erweicht, bis dieselben beinahe 3 mm dick sind. Das eine Ende wird dann durch Reiben auf einem Steine zugespitzt

---

[1] LICHTENSTEIN, Reisen im südlichen Afrika. Berlin 1812. II. 537.
[2] Beiträge zur Kenntnis Südafrikas. Berlin 1875. 6.
[3] KRANZ, Natur- und Kulturleben der Zulus. Wiesbaden 1880. 67.

und durch die auch in Europa bekannte eiserne Platte gezogen und immer dünner, bis der Messingdraht ungefähr wie dicker Sattlerzwirn ist.“ Genau so wird der Prozeß von dem bekannten Missionar MOFFAT, LIVINGSTONE's Schwiegervater, geschildert. Die Ziehplatten sind sehr roh geformt aus weichem Eisen, die Löcher sind ungleich und so wird auch der Draht sehr unregelmäßig.[1]

Drahtziehen und Gießen in Afrika. Auch südlich vom Tanganjikasee verstehen es die Neger Kupferdraht zu ziehen, zu welchem das Kupfer aus Katanga kommt, „indem sich die Drahtzieher zu einem Teil des Herstellungsverfahrens eines siebenzölligen Kabels bedienen“, was eine sehr unklare Beschreibung ist. „Sie machen sehr schönen Draht und dieser wird hauptsächlich zu Knöchel- und Beinringen verarbeitet.“[2]

Mit dem oben geschilderten Verfahren des Tiegelschmelzens und Barrengießens der Zulu vor Augen, wird uns auch die nachstehende, sonst wenig klare Schilderung LIVINGSTONE's verständlich, welche sich auf eingewanderte, am Nordgestade des Bangweolosees wohnende Wanjamwesi bezieht. Mit den gewöhnlichen afrikanischen Gebläsen schmelzen sie „Stücke der großen Kupferstangen in einem Tiegel, nahezu gefüllt mit Holzasche. Das Feuer ist angemacht inmitten vieler Ameisenhügel, in welche Höhlungen gebrochen sind zur Aufnahme des geschmolzenen Kupfers; beim Ausgießen des Metalls wird der Tiegel in der Hand gehalten, die durch nasse Lumpen geschützt ist“.[3] Letzteres, weil eine Zange in unserem Sinne den Afrikanern unbekannt ist; was die Ameisenhügel betrifft, so scheinen sie die Rolle zu spielen wie die obenerwähnten Sandhäufchen der Zulu.

Zur Charakterisierung der Metallindustrie Afrikas mag hier noch erwähnt werden, daß die Neger es im Formen und Gießen zu einer vergleichsweisen hohen Stufe gebracht haben, wenn auch nicht in Eisen (da sie kein Roheisen darstellen) und selten in Kupfer, sondern in Gold. Von den Negern an der Goldküste sagt CRUICKSHANK[4]: „Sie sind erfinderische Goldarbeiter und machen Ringe, Ketten und Broschen, welche einem europäischen Künstler nicht zur Unehre gereichen würden. Sie formen das Gold in jederlei Gestalt, als Tiere, Vögel, kriechende Geschöpfe und schmücken ihre Person mit solchen Zieraten.“ Den Prozeß finden wir bei BOWDICH geschildert,

[1] WOOD, Natural History of Man. London 1868. Africa. 100.
[2] LIVINGSTONE, Letzte Reise. I. 241.
[3] LIVINGSTONE a. a. O. I. 381.
[4] Eighteen years on the Gold Coast. London 1853. II. 269.

der sich auf die Bewohner von Dagwumba (Dagomba, nördlich vom Rio Volta unter 0° L. und 9° nördl. Br.) bezieht. „Um das Modell zu machen, streicht man Wachs über ein glattes Stück Holz neben einem Feuer, worauf ein Topf mit Wasser steht; nun taucht man einen hölzernen Leisten hinein und macht damit das Wachs gehörig weich. Sie brauchen ungefähr eine Viertelstunde, um das Modell zu einem Ringe zu machen. Ist dieses fertig, so umgiebt man es mit einer Masse von nassem Thon und Kohle, welche man ringsherum fest andrückt, um so die Form zu bekommen, trocknet es in der Sonne und bringt eine Art von Trichter von derselben Masse an, der mit dem Modell durch eine kleine Öffnung in Verbindung steht, um das Gold hineinzugießen. Ist nun das Ganze fertig, und das Gold sorgfältig in dem Trichter verwahrt, so wird es, der Trichter nach unten, über ein Steinkohlen(?)feuer gehalten. Denkt man, daß das Gold gehörig geschmolzen ist, so kehrt man das Ganze um, damit das Gold an die Stelle des geschmolzenen Wachses hereinfließt und bricht den Thon herunter, sobald es kühl geworden, wo dann mit dem nicht gelungenen der ganze Prozeß noch einmal vorgenommen wird. Um dem Golde seine eigentümliche Farbe zu geben, umgeben sie es mit einer Lage von feingemahlenem Ocker, den sie *Inchuma* nennen, und tauchen es in siedendes Wasser, worin ebenfalls Ocker und ein wenig Salz gethan wird; hierin siedet es eine halbe Stunde, wird dann herausgenommen und sorgfältig von allem gereinigt, was noch daran hängen könnte."[1] Die Schilderung ist nicht ganz klar, was an der unbeholfenen Übersetzung liegen mag. Sehr schöne Exemplare solcher Goldgießereien aus Aschanti besitzt das Berliner ethnographische Museum.

Gegossen scheinen auch die seltsamen Figuren gewesen zu sein, die STANLEY in der Schatzkammer des Königs Rumanika von Karagwé (westlich vom Victoria Nyanza) sah. Er berichtet darüber: „Es befanden sich daselbst ungefähr sechzehn roh aus Messing gearbeitete Figuren von Enten mit Kupferflügeln, zehn sonderbare Dinge aus demselben Metall, welche Elenantilopen darstellen sollten, und zehn Kühe von Kupfer ohne Kopf."[2] Weiteres giebt STANLEY nicht an; jedenfalls handelt es sich hier um einheimische Arbeit, zu der das „Messing" wohl importiert sein dürfte. — Von den Mpongwe am Gabon sagt WILSON[3]: *They show a good deal of mechanical ingenuity in casting copperrings.*

---

[1] E. BOWDICH, Mission von Cape Coast Castle nach Ashantee. Deutsch von LEIDENFROST. Weimar 1820. 415.

[2] Durch den dunklen Weltteil. I. 514. [3] Western Africa. 304.

Verhältnis von Eisen und Kupfer. Prioritätserwägungen. Ist das Kupfer in Afrika auch nicht gerade selten zu nennen, so ist seine Darstellung im großen doch nur auf wenige Gegenden beschränkt, von denen aus es auf dem Handelswege über den größten Teil des Kontinentes verbreitet wird. Hofrat e Nahhas, Katanga, Angola, Namaqualand sind diese Hauptcentren der Kupfergewinnung. Mag das Kupfer auch im gediegenen Zustande in Afrika vorkommen, so haben wir doch kein Zeugnis dafür, daß es in dieser Form direkt von den Negern verarbeitet und wie bei den nordamerikanischen Indianern als „weicher Stein“ gehandhabt wird. Im Gegenteil, überall ist die Gewinnung des Kupfers bei den Negern eine metallurgische, durch Reduktion aus den Erzen mittels Kohlen bewirkte. Im allgemeinen wird dieser Prozeß, soweit er uns bekannt wurde, gerade wie derjenige der Eisengewinnung und mit den gleichen Öfen und Instrumenten betrieben. Das Verfahren erscheint überall so ursprünglich und in den fernsten Gegenden gleichartig, daß an eine Entlehnung von auswärts nicht leicht gedacht werden kann.

Aus der ganz gleichen Behandlung der Kupfererze und der weichen Brauneisensteine läßt sich eher auf eine gleichalterige Entstehung der Kupfer- und der Eisengewinnung schließen als darauf, daß das eine Metall vor dem anderen im Gebrauche gewesen sei. Es deuten aber manche Umstände darauf hin, daß das Eisen in Afrika doch früher und jedenfalls allgemeiner im Gebrauche als das Kupfer war. Überall erscheint das Eisen durchaus urwüchsig und Dutzende von afrikanischen Vokabularien, welche ich auf seine Benennung durchging, zeigen echt heimische Namen. Die Geräte bei der Darstellung sind meist ursprüngliche und in ihren primitiven Formen auf eigene Erfindung deutend. Sind auch, wie wir gesehen haben, „alte“ Kupferwerke in Südafrika vorhanden, so fehlen doch andererseits alte Kupfergeräte gänzlich; von Funden derselben ist gar nichts bekannt geworden, wiewohl gerade sie — gegenüber altem Eisen — sich vortrefflich erhalten. Alte Steingeräte sind aber durch ganz Afrika nachgewiesen worden. Auf die Steinzeit dürfte direkt die Metallzeit, eine Zeit gefolgt sein, in der ungefähr gleichzeitig Eisen und Kupfer geschmolzen und verarbeitet wurde. Eine besondere „Kupferperiode“ vor der Eisenzeit erscheint schon wegen der durchaus lokalen Verbreitung des Kupfers gegenüber der ganz allgemeinen des Eisens nicht wahrscheinlich. Das Eisen wird fast überall an Ort und Stelle gewonnen und ist in weit geringerem Maße Handelsgegenstand als das Kupfer.

Das Kupfer dagegen findet in Afrika seine Verbreitung wesentlich durch den Handel. Von den oben angeführten Mittelpunkten seiner Gewinnung verbreitet es sich fast über den ganzen Kontinent, meist aber im rohen Zustande, in Barrenform, indem die weitere Ausarbeitung den allenthalben schmiedekundigen Völkern überlassen bleibt, die es zu Draht ausziehen, zu den verschiedensten Zieraten und Prunkwaffen verarbeiten, ja zu gießen verstehen, wenn auch diese Kunst selten ist und sich zumeist auf die Westküste beschränkt, wo sie jedoch (in Gold) anerkennenswertes leistet. Das von Hofrat e Nahhas kommende Kupfer geht über Wadai bis Kano, dasjenige von Katanga in Centralafrika bildet einen höchst wichtigen Handelsartikel, der sowohl nach der Ost- als der Westküste verführt wird. Zu LIVINGSTONE's Zeit hatten arabische Händler in Lunda den Kupferhandel in der Hand. Ein gewisser Said bin Habib hatte dort neben 150 Farsilahs (2625 kg) Elfenbein 300 Farsilahs (5250 kg) aus Katanga stammendes Kupfer zusammengebracht, das weiter nach Udschidschi transportiert werden sollte. „Mit hundert Trägern muß er vier Ablösungen haben zu einer Reise, sonst aber die ganze Reise viermal machen."[1] Dieses giebt eine Idee von der verhältnismäßigen Großartigkeit des centralafrikanischen Kupferhandels und seiner Ausdehnung.

Über die gegenseitige Wertstellung des Eisens und des Kupfers in Afrika besitzen wir einige Andeutungen. SCHWEINFURTH[2] sagt: „Im Verhältnis zu anderen Werten des täglichen Lebens beansprucht das Eisen in Afrika überall einen Wert, der mindestens demjenigen des Kupfers bei uns gleich zu achten wäre, das Kupfer daselbst würde an Wert unserem Silber entsprechen." LIVINGSTONE, als er in Manjema in Centralafrika war, ließ sich durch seine Schmiede aus Kupfer große kupferne Armbänder machen, „denn sie werden als sehr wertvoll betrachtet und haben die eisernen Armbänder ganz aus der Mode gebracht".[3] In Uganda dürfen nur der König und die Großen Speere mit Kupferspitzen tragen.[4] Und so ist es im ganzen Kontinente ähnlich.[5]

---

[1] LIVINGSTONE's Letzte Reise. I. 395.

[2] Im Herzen von Afrika. I. 228.

[3] D. LIVINGSTONE's Letzte Reise. II. 43.

[4] WILSON und FELKIN, Uganda. Deutsche Ausgabe. I. 101.

[5] LUX (Von Loanda nach Kimbundu. Wien 1880. 122) erzählt, daß die Kalunda in Centralafrika dem Eisen unbedingt den Rang vor dem Kupfer einräumen. Eiserne Armringe dürfe bloß der Muata Jamwo (König) tragen, während der kupfernen sich jeder Eingeborene bedienen dürfe. Daraus könnte man

Daß Kupfer das teurere, geschätztere Metall ist, liegt wesentlich aber an seiner größeren Seltenheit und daran, daß es im größten Teile des Kontinentes erst durch den Handel bezogen werden muß. Eisen ist nur wegen seines massenhaften Vorkommens billiger in Afrika, nicht wegen leichterer Arbeit. In dieser Beziehung mag der Wert beider Metalle ursprünglich derselbe gewesen sein. Viel Arbeit und wenig Produkt heißt es hier wie da. Es läßt sich hieraus eine allgemeine Anschauung ableiten, die für unsere europäischen Prioritätsfragen wohl nicht ohne Interesse ist. Das Eisen ist bei uns überhaupt erst infolge der technischen Fortschritte in der Neuzeit billig geworden, seit die kontinuierlich wirkenden Hochöfen ein gießbares Roheisen liefern. Ursprünglich war es auch bei uns so teuer wie Kupfer, vielleicht nicht viel billiger als Bronze. Unter gleichen oder fast gleichen Preisverhältnissen wurde aber die letztere, weil sie nicht rostete und eine schönere Farbe hatte, dem Eisen vorgezogen. Dieses mag das häufigere Vorkommen von Bronze in alten Funden, gegenüber den Eisensachen, teilweise mit erklären.

Wollte man die Darstellung des Kupfers und kupferner Geräte, das Gießen und Formen, wie es in einzelnen Fällen für Afrika von uns nachgewiesen wurde, für eine Art „Bronzezeit“ dieses Kontinentes im Sinne der skandinavischen Archäologen ansehen, so geben wir zu bedenken, daß es bei dem primitiven Stande der afrikanischen Kupferindustrie sich höchstens um einen ersten Akt, um die Uranfänge einer solchen „Periode“ handeln kann, abgesehen davon, daß diese „Kupferzeit“ höchst wahrscheinlich, ja fast sicher später als die „Eisenzeit“ auf afrikanischem Boden erscheint. Zur Annahme einer „Bronzezeit“, repräsentiert durch die erwähnten Kupfergeräte, können wir für Afrika aber auch darum nicht gelangen, weil jene höhere Kultur und künstlerische Ausbildung bei den Negern fehlt, die überall die entwickelte Bronzezeit — sei es in Ägypten oder China, in Mexiko oder Peru — charakterisiert.

---

wohl schließen wollen, daß das Eisen hier später als das Kupfer aufgetreten sei. Aber Lux war nicht in Lunda und seine Bemerkung ist unrichtig. Pogge (Im Reiche des Muata Jamwo. Berlin 1880. 145) sagt ausdrücklich, daß der Muata Jamwo Kupfer- und Messingspangen trug, von Eisen ist keine Rede. Eine Prinzessin (S. 140) trug Eisen- und Kupferringe.

## Das Kupfer in Vorderindien.

Die Steinzeit in Vorderindien. Auch Indien hatte seine Steinzeit. Steinwerkzeuge, die mehr oder weniger unseren paläolithischen Charakter tragen, sind von Bruce Foot beschrieben worden. Sie sind in den Bezirken von Madras und Nord-Arcot gefunden, bestehen aus Quarzit und wurden mehreremal in einer Tiefe von 1—3 m *in situ* angetroffen. Abbildungen veranschaulichen ihre ungemeine Ähnlichkeit mit unseren europäischen. Auch bearbeitete Achate haben sich in den Ablagerungen der Nerbada und in den Knochenlagern des oberen Godavery gefunden, gleichalterig mit *Elephas insignis, Hippopotamus palaeindicus* etc.[1]

Deuten diese und andere ähnliche Funde auf ein hohes Alter des Menschengeschlechtes in Vorderindien, so müssen die wörtlich zu tausenden vorkommenden Cairns, Cromlechs, Kistvaens und verwandte Steinbauten zum großen Teil in eine weit jüngere Periode gesetzt werden. Die in ihnen beigesetzten Leichen sind teils in Skeletten erhalten, teils verbrannt und in Urnen aufbewahrt. Grabbeigaben kommen in beiden Fällen vor[2], und hier treffen wir sowohl auf Eisen als auf Bronze, teils jedes Metall für sich, teils beide vereinigt.

Das Alter indischer Bronzen. Bei einem der Hauptvertreter der Dreiperiodenteilung, bei Worsaae, finden wir die Ansicht ausgesprochen, daß Indien, das „an Kupfer und Zinn so reiche", der wahrscheinliche Ausgangspunkt der Bronzekultur überhaupt gewesen sei. Bronze, ein künstlich geschaffenes Metall, mußte in einem an Zinn und Kupfer reichen Lande wie Indien erfunden sein und von hier aus läßt dann Worsaae die Erfindung nach den übrigen asiatischen Ländern und weiter nach Europa wandern. In Indien, so nimmt der dänische Forscher an, seien zahlreiche durch Guß hergestellte Geräte und Waffen aus Bronze von sehr primitiver Form gefunden worden mit den Spuren einer an Ort und Stelle stattgehabten Fabrikation.[3]

---

[1] Lubbock, Vorgeschichtliche Zeit. Jena 1874. II. 57.

[2] Meadows Taylor, On prehistoric Archaeology of India. Journ. of the Ethnological Society. I. 157—181 (1869).

[3] Worsaae, Vorgeschichte des Nordens. Hamburg 1878. 48 ff. und Arch. f. Anthropol. XII. 518.

Allein die „zahlreichen" alten Bronzen, die in Indien gefunden worden sein sollen, führt WORSAAE nicht an und wir möchten sehr bezweifeln, daß sie überhaupt zahlreich vorhanden sind; auch für die Wanderung der Bronzeerfindung von dem Centrum Indiens über die halbe Welt (ja nach Neuguinea!!) giebt uns WORSAAE keinerlei Beweise, und die zahlreichen „vielleicht", „scheint" und „möglicherweise" in seiner Auseinandersetzung bieten dafür keinen Ersatz.

Quellen des Zinnhandels. Zunächst ist hervorzuheben, daß Vorderindien fast ganz entblößt von Zinn ist, ja, daß dieses Metall seit den ältesten Zeiten dort importiert wird.[1] Es ist nur eine Fundstätte von Zinnerzen in Ostindien bekannt, und zwar in Mewar (Udaipur in Radschputana), zwischen der Parnassa und ihrem Nordzuflusse Kotasari[2], und daß von dieser Stätte aus frühzeitig ein Zinnexport stattgefunden, ja, daß die Zinnwerke überhaupt dort früh betrieben worden seien, dafür liegt keinerlei Anzeichen vor. Damit fällt eine der von WORSAAE angeführten Bedingungen weg, daß gerade Indien das Mutterland der Bronze gewesen sein soll. Was die hinterindische Halbinsel betrifft, so ist diese allerdings eine der ergiebigsten Zinnquellen, doch erst, wie wir sehen werden, in verhältnismäßig junger Zeit. Vorderindien aber, das reiche Kulturland, bezog, wie historisch sich nachweisen läßt, seinen Zinnbedarf aus dem Abendlande.

Der von einem Anonymus herrührende Periplus des erythräischen Meeres — höchst wahrscheinlich aus dem ersten Jahrhundert unserer Zeitrechnung stammend — führt an, daß zu Aualites am arabischen Busen (Seïla an der Tadschurabai) *κασσίτερος ὀλίγος* neben anderen Waren eingeführt worden sei.[3] Dieses „wenig Zinn" soll nun, so hat man vielfach angenommen, aus Indien gekommen sein. Schon LASSEN[4] hatte das Zinn, welches frühzeitig im Abendlande gebraucht wurde, aus Indien stammen lassen und dafür als Hauptgrund angeführt, daß das homerische *κασσίτερος* von dem Sanskritworte *kastira* stamme. Danach wären also schon zur homerischen Zeit die Hellenen mit dem indischen Zinn vertraut gewesen. Allein es scheint alles dafür zu sprechen, daß die Sache sich gerade umgekehrt verhält und daß das griechische Wort mit

[1] CRAWFURD in Transact. Ethnolog. Soc. New Series. IV. 9.
[2] Zeitschrift für allgem. Erdkunde. I. 133.
[3] Editio FABRICIUS. Leipzig 1883. 44.
[4] Indische Altertumskunde. I. 239.

der Sache nach Vorderindien gewandert sei.[1] Das Zinn der Mittelmeerländer und Vorderasiens stammte im Altertum nur aus dem phönizischen Handel, der in den britischen und iberischen Zinnwerken seine Quelle hatte. „Zinn aus Indien ist aber im vorderasiatischen Handel nicht nur unerweislich, sondern es ist auch bekannt, daß noch in jüngerer Zeit Indien kein Zinn produzierte und daß es aus den Westländern dahin ausgeführt wurde.“ MOVERS, der diesen Ausspruch thut[2], beruft sich dabei auf PLINIUS[3], welcher, nachdem er vom *plumbum album* oder Zinn und vom *plumbum nigrum* oder Blei gehandelt, schreibt: *„India neque aes neque plumbum habet, gemmisque suis ac margaritis haec permutat.“* Nun hatte Indien allerdings Kupfer *(aes)*, und wollte man danach die Stelle bei PLINIUS anfechten und nicht gelten lassen, so liegen aus dem bereits angeführten Periplus noch einige Stellen vor, die uns den direkten Import von *κασσίτερος* und zwar von Alexandrien, einmal nach Kane in Arabien und zweimal nach der indischen Westküste (Barygaza und Bakare), neben Kupfer (*χαλκός*) anführen.[4] Als phönizischer Monopolgegenstand hatte das Zinn einen hohen Wert erreicht und wurde, wie PLINIUS uns erzählt, gegen Edelsteine und Perlen in Vorderindien vertauscht. Dieses hätte aber nicht der Fall sein können, wenn um jene Zeit bereits die reichen hinterindischen Zinngruben im Betriebe gewesen wären.

Möglich, daß für Vorderasien noch eine andere Zinnquelle von Bedeutung war, aus der vielleicht das Material zu den altassyrischen Bronzen geflossen sein kann. STRABO erzählt von dem am Paropamisus angesessenen Volke der Drangen, daß sie „Mangel an Wein leiden, aber Zinn findet sich bei ihnen“.[5] Beglaubigung erhält diese Nachricht durch das neuerdings bestätigte Vorkommen von Zinn in Chorassan, das auf K. E. v. BAER's Anregung hin dort von OGORODNIKOW erkundigt wurde. Zwanzig Farasangen (à 7 Werst) von der Stadt Utschan Mion Abot befinden sich reiche Lager von Zinn, Eisen, Kupfer und sechs Farasangen von Meschhed ein Zinnbergwerk, das sogenannte Rabotje Alokaband. Zinnerne Krüge und Waschschüsseln, aus dem Zinn dieser Bergwerke verfertigt, sind in Meschhed im Überfluß vorhanden.[6]

---

[1] Siehe die Beweise bei MOVERS, Phönizier. II. Bd. III. T. 63.
[2] A. a. O. [3] Hist. nat. XXXIV. 48.
[4] Ed. FABRICIUS. 64. 90. 96. [5] STRABO. 724 ed. CASAUB.
[6] v. BAER, Von wo das Zinn zu den ganz alten Bronzen gekommen sein mag? Archiv für Anthropologie. IX. 265.

Vorkommen indischer Bronzen. Wie steht es nun mit den Funden alter indischer Bronzen? Zunächst ist hervorzuheben, daß die typische Bronze, wie sie vom Kaukasus an und von Kleinasien bis nach England und Skandinavien vorkommt, eine ganz bestimmte Mischung ist, welche (kleine Schwankungen abgerechnet) durchgängig 9 Kupfer und 1 Zinn enthält, woraus auf einen gemeinsamen Ursprung für diese abendländische Bronze geschlossen werden kann. Vielleicht reicht diese bestimmte Bronze bis Persien[1], weiter nach Osten ist sie aber nicht nachgewiesen, wie wir an den Analysen indischer Bronzen sehen werden.

Alte Bronzen sind in Indien nicht häufig und es ist charakteristisch für die wenigen Bronzefunde, daß sie mehr Schmuck- und Luxusgegenstände, als solche zum täglichen Gebrauch, wie Messer u. dgl., darstellen. „*Dans la péninsule indienne les instruments en bronze sont des plus rares et l'on ne peut guére citer que la découverte faite dans les environs de Jabalpur; les instruments exhumés dans cette localité avaient comme composition suivant M. Twean: cuivre 86,7; étain 13,3.*"[2] Es ist dieses also eine von unserer typischen Bronze abweichende Komposition.

Indessen liegen doch noch mehr alte Bronzefunde aus Vorderindien vor. Im Nilgirigebirge und im Coimbatoredistrikt (Südindien) sind Schalen und gerippte Armbänder ausgegraben worden, die sich teilweise jetzt im königlichen Museum zu Berlin befinden und die aus Steinkreisen jüngerer Zeit stammen. Die Armbänder waren eine Zink-Kupferlegierung; der Zinn- und Kupfergehalt der Schalen schwankte sehr beträchtlich (8,52; 9.45; 14,74 und 25,23 % Zinn).[3] — Bei der Stadt Hyderabad im Dominion Nizam's befinden sich zahlreiche Gruppen von Cairns, in denen Ausgrabungen unternommen wurden; es zeigten sich dabei zwei Glocken, die eine aus Bronze, die andere aus Kupfer, zusammen mit Töpfergeschirr, sowie Speer- und Pfeilspitzen.[4] Ob letztere von Eisen oder Bronze waren, ist nicht gesagt, doch ist — wie aus dem nachfolgenden Funde hervorgeht — wohl das erstere anzunehmen. Diese Gegenstände befinden sich im Asiatic Society-Museum zu Bombay. — Im Jahre 1867 grub Meadows Taylor einen Cairn bei Hyat Nugger, etwa zehn Miles südöstlich von Hyderabad, aus, dessen Inhalt sich jetzt im Museum der Irischen Akademie befindet. Das bemerkens-

[1] Virchow im Korrespondenzblatt 1883. 81.
[2] Revue d'Anthropologie. 1880. 299.
[3] Jagor in Verhandl. Berlin. Anthropol. Ges. 1877. 206.
[4] Journ. Ethnolog. Soc. New Series. I. 169.

wertheste Stück unter den Funden war ein Deckel, wie es scheint zu einer Schüssel gehörig, oben mit der Figur eines Schafes oder Hirsches geziert. Der Durchmesser betrug 25 cm und die Wölbung erhob sich 8,5 cm über den Rand. Das Metall war gleichmäßig 25 mm stark, sorgfältig gegossen und poliert. *"This, with the exception of a bell and a small drinking cup* (der eben angeführte Fall ist gemeint) *are the only bronze articles, which have been found in the Hyderabad cairns and I found none in the cairns of Sorapoor."* In dem gleichen Cairn wurden mehrere Exemplare von *Turbinella pyrum* und ein Halsband aus den gleichen Schnecken, einiges rohe Töpfergeschirr und einige eiserne verrostete Speer- und Pfeilspitzen gefunden.[1]

Bronze ist also selten in Indien zusammen mit Eisen und außerdem in meist jüngeren Gräbern und von anderer Komposition als unsere abendländische gefunden worden. Das in Indien noch jetzt vielfach erzeugte Kupfer ist dagegen weit häufiger in alten Grabstätten entdeckt worden. Beile, eine Lanzenspitze und Armbänder aus diesem Metall sind bei Mainpur in den Nordwestprovinzen ausgegraben worden; die Beile gleichen europäischen Formen und die Lanzenspitzen zeigen Widerhaken. Ein größerer Fund von 404 Kupfergeräten und 102 Silberstücken wurde bei dem Dorfe Gangaria im Distrikte Balaghat, Centralprovinzen, gemacht. Diese Kupferinstrumente bestanden in langen Meißeln; die Silberstückchen hatten als Schmuck gedient. Bei Pachumla im Distrikt Hazaribagh hat man eine dicke Kupferaxt und in Sind einen 20 cm langen Kupfercelt ausgegraben.[2]

Auch in früher historischer Zeit tritt uns eher Kupfer als Bronze in Indien bei Gebrauchsgegenständen entgegen, wie denn Nearchos berichtet, daß die Inder sich der Gefäße aus geschmolzenem, nicht getriebenem Kupfer bedienten, und Kleitarchos, daß sie aus demselben Metalle Tische, Sessel, Becher und Wassergefäße verfertigten.[3]

Die Seltenheit der Bronze- und die Häufigkeit der alten Kupfergeräte, zusammengenommen mit dem häufigen Vorkommen von alten Eisenfunden, deuten keineswegs darauf, daß in Indien eine Bronzezeit der Eisenzeit voranging.

---

[1] Journ. Ethnolog. Soc. New Series. I. 176.

[2] Revue d'Anthropologie. 1880. 299 nach Proceed. Asiatic Society of Bengal. 1870.

[3] Lassen, Indische Altertumskunde. II. 726.

Gegenwärtige Kupfererzeugung in Indien. Eine zum Teil sehr altertümliche und hochinteressante Kupferproduktion, welche in ihrem ganzen Wesen einen primitiven Charakter trägt, hat sich zu Chetri am Fuße der Arvaliberge in der Radschputana erhalten. Glücklicherweise sind wir durch einen eingehenden Bericht des Colonel J. C. Brooke über dieselben genau unterrichtet[1], so daß wir uns eine vollständige Vorstellung von dieser Industrie machen können.

In den Ausläufern des Gebirges sind reiche Eisen-, Kupfer-, Alaun- und Kobaltgruben und von den Einwohnern der 1000 bis 1500 Häuser zählenden Stadt lebt ein großer Teil, namentlich die ärmere Klasse, vom Bergbau und Hüttenwesen. Hindus sind in den Alaun- und Kupfervitriolwerken thätig, während Mohamedaner in den Gruben und Schmelzhütten arbeiten.

Die Bergwerke liegen etwa 80 m über der Ebene und die Schächte führen in einem Winkel von 60 Grad im Zickzack, doch sehr unregelmäßig und oft abzweigend, in die Tiefe. Manchmal sind die Gänge so niedrig, daß ein Mann nur liegend durch dieselben gelangen kann, oft erweitern sie sich zu Kammern, aus denen durch Raubbau das Kupfererz gewonnen wird. Je tiefer, desto reicher sind die Erze, doch ist denselben wegen des Wassers nicht beizukommen, denn die Bewältigung der Wässer ist eine außerordentlich primitive. Die Leute bilden eine Kette vom Mundloche bis zum Wasser und reichen sich so von Hand zu Hand Thongefäße (Ghurrahs) mit dem geschöpften Wasser oder taubem Gestein gefüllt — ein kostspieliges und langsames Verfahren. In einem Schachte des Kulhanwerkes fand Brooke 27 Leute mit dieser Arbeit beschäftigt und da jeder derselben einen Raum von etwa 2 m beherrschte, so ergiebt sich daraus die Tiefe der Mine mit 54 m.

Diese Kupferbergwerke werden teils von den Eigentümern bearbeitet, teils an Meistbietende versteigert. Die genannte Kulhanmine hat sechs oder sieben Schachte, von denen jeder mit 50 bis 100 Rupien jährlich bezahlt wird; eine geringe Summe, wenn man den großen Reichtum an oft 75 % Metall haltenden Kupfererzen bedenkt. Die Bergleute arbeiten in Abteilungen von je acht Mann. Die Schicht dauert von früh acht Uhr bis zum Abend und in dieser Zeit fördern sie etwa $2^1/_2$—3 Maunds Erz. Das Erz wird in kleinen

[1] The mines of Khetree in Rajpootana. Journ. Asiat. Soc. Bengal. Calcutta 1864. 519—529. (New Series No. CXXIII).

3 kg haltenden Körben emporgebracht und in der Stadt Chetri an mohamedanische Borahs versteigert. Gutes schwarzes Schwefelkupfer wird mit zehn Rupien, Pyrit mit 4—5 Rupien per Maund verkauft.

Fig. 16. Kupferschmelze in Chetri. Nach BROOKE.

Der Borah mietet sich nun Arbeiter, die monatlich drei Rupien erhalten und mit kleinen Hämmern das Erz zerschlagen und vom tauben Gestein sondern. Dann wird das Erz zerstampft. Dieses geschieht mit Ghuns, 16 kg schweren Hämmern von eigentümlicher Form, ähnlich den Stampfen der Pflasterer. Es sind cylindrische Eisenstücke, an welchen horizontal angebrachte Stäbe als Handhaben sitzen und die mit beiden Händen gestoßen werden. Dabei schiebt der Arbeiter das Erz mit den Füßen zusammen, indem er die Zehen wie Finger gebraucht.

Das mehremal so durchstampfte feine Erz wird nun mit Kuhmist vermischt und in 2 cm lange Rollen geformt, die erst an der Sonne getrocknet und dann in einem Feuer aus Kuhdünger an der offenen Luft geröstet werden. Jetzt ist das Erz fertig zum Schmelzen.

Um den Ofen zu errichten, werden Kumhars oder Töpfer geholt. Der Ofen ist 1 m hoch, hat 28 cm Durchmesser und besteht aus Schlacken, die mit Thon verkittet werden. Die „Düsen“ (Mündungen) der Blasebälge werden gleich mit unten eingebaut. Diese Düsen sind irdene Röhren, die nach dem Ofen zu dicker werden und hier ein Luftloch haben, das mit einem nassen Lappen zugestopft ist, der von Zeit zu Zeit herausgenommen wird, um die Düsen zu reinigen. Das andere dünnere Ende der Düse ist mit dem Schlauchblasebalg verbunden. Die Luftklappe der Schläuche ist durch zwei Stöcke am Ende derselben gebildet, welche der Arbeiter öffnet, wenn der Schlauch für die Zulassung der Luft emporgezogen wird und die er schließt, wenn der Schlauch zur Auspressung der Luft niedergedrückt wird. Der obere Teil des Ofens ist aus Ringen von feuerfestem Thon, etwa 25 cm hoch, gebildet. Im ganzen wendet man drei Blasebälge an; an der vierten Seite des Ofens liegt die Öffnung desselben mit einer Tümpelplatte aus feuerfestem Thon. Am Grunde derselben ist ein Loch, um das geschmolzene Metall abzulassen. (Fig. 16).

Der Ofen wird täglich frisch beschickt; jede Schmelzung dauert 12—14 Stunden. Das geröstete Erz wird schichtweise mit Holzkohle in den Ofen gethan, auch ein Zuschlag beigefügt, welcher *Rit* genannt wird. Letzterer besteht aus Abfall *(refuse)* von alten Eisenöfen, der in ganzen Halden noch vorhanden ist, denn das Eisen wurde lange vorher hier schon verarbeitet, ehe das Kupfererz entdeckt war. Auf jede Beschickung des Ofens kommen fünf Maunds geröstetes Erz, ebensoviel Zuschlag *(Rit)* und vier Maunds Holzkohle.

Da das erschmolzene Metall schwefelhaltig ist, muß es raffiniert werden. Dieses geschieht dadurch, daß ein Strom erhitzter Luft über das flüssige Metall getrieben und dieses fortwährend dabei abgeschäumt wird. Der Luftstrom wird durch einen einzigen Blasebalg erzeugt, welchen ein Mann aufzieht, während zwei andere ihn dann wieder niedertreten.

So schildert Brooke das Verfahren, aus dem wir deutlich die beiden bei der Darstellung des Kupfers stattfindenden Prozesse erkennen können: einmal die Niederschmelzung des rohen mit Schwefel etc. verunreinigten Schwarzkupfers und dann dessen Raffinierung (Garmachen), indem das letztere einem neuen Gebläsestrom ausgesetzt wird. Dadurch erst wird das reine, gare, zur weiteren Verarbeitung brauchbare Kupfer gewonnen. Es liegen also hier zwei Prozesse vor, während bei der primitiven Eisengewinnung, wie wir sie bei den Negern kennen lernten, nur ein Prozeß nöthig ist, was doch darauf schließen läßt, daß zunächst dieses letztere Verfahren, nämlich die Eisendarstellung bekannt sein mußte, ehe zu dem komplizierteren, der Kupferreduktion und Raffination, übergegangen werden konnte.

---

## Das Eisen in Vorderindien.

Alte Eisenfunde in Vorderindien. Bei der leichten Zerstörbarkeit des Eisens ist das häufige Vorkommen von prähistorischen Eisenfunden in altindischen Gräbern und Steindenkmälern sehr beachtenswert, wobei aber — was schon bei der Bronze betont wurde — nicht zu übersehen ist, daß viele jener Steindenkmale jüngeren Datums sind. Dagegen sollen die *„Korumba rings"* in Südindien aus einer Zeit datieren, die noch vor der arischen Einwanderung in jene Lande liegt; man hält sie für gleichalterig mit den megalithischen Bauten Europas. Während nun letztere meist mit Bronzesachen associiert sind, findet man bei und unter den indischen Steindenkmälern vorzugsweise Eisengeräte. Madlicot und Blanford in ihrem Werke über die posttertiären Gebilde und das Alter des Menschen auf der indischen Halbinsel (Kalkutta 1879) bemerken, daß das Eisen höchstwahrscheinlich viel früher in Indien als in Europa bearbeitet wurde[1], wofür denn auch die verhältnismäßig zahlreichen „prähistorischen" Eisenfunde sprechen. Bereits im Jahre 1820 hat Babington die pilz- oder schirmförmigen megalithischen Denkmäler in Malabar, die man Topie-Kulls oder Pandu-Kulies nennt, untersucht und außer Urnen darin eiserne Geräte und Waffen verschiedener Art gefunden, darunter einen eisernen Dreifuß und eine eiserne Lampe.[2] Ganz die gleichen eisernen Gegenstände: Lanzenspitzen, Speerspitzen, Fragmente von Schwertern, Dreifuße und Lampen entdeckte Meadows Taylor[3] in den alten Kistvaens von Sorapur, zusammen mit glasierten und unglasierten Urnen. Dr. Bell, welcher die Narkael-pulli-Cairns zwischen Hyderabad und Masulipatam untersuchte, fand darin neben einem Skelett ein Stück Eisen.[4]

---

[1] Revue d'Anthropologie. 1880. 299.

[2] Journ. Ethnol. Soc. New Series. I. 160 und 178 nach Transact. Literary Soc. of Bombay. 1820. vol. III.

[3] A. a. O. I. 160. [4] A. a. O. I. 170.

Die Tumuli in den Bergen von Oapur (Mysore bei Bangalore), welche W. DENISON öffnete, zeigten im Innern Gräber, bedeckt mit ungeheueren Gneisplatten (5,30 m lang, 3,50 m breit, 1,40 m dick und 20 Tonnen wiegend!), deren Transport unerklärlich erscheint. Sie deckten eine Steinkiste, welche im Innern irdene Tschattis oder Töpfe enthielt, genau von der Form, wie sie jetzt noch in jener Gegend im Gebrauch. Die Töpfe enthielten Asche und eiserne Pfeilspitzen, in der Kiste selbst lagen die verrosteten Reste von eisernen Schwertklingen.[1]

Noch andere Eisenfunde sind zahlreich in den Steinkreisen oder Barrows der Centralprovinzen in der Umgegend von Nagpur gemacht worden. *"The barrows in the Hingnah plains are countless: one gazes on them in mute astonishment."* Die ersten dort von dem Schotten HYSLOP und später von RIVETT-CARNAC gemachten Ausgrabungen befinden sich im Museum zu Nagpur; es sind Bruchstücke von Töpferwaren; kleine steinerne Wassertröge und verschiedene Geräte aus Eisen und Stahl — nichts von Knochen, Horn, Stein, Feuerstein oder Bronze. Im Jahre 1867 unternahm Major G. G. PEARSE die Ausgrabung eines dortigen Barrow, desjenigen von Warrigaon, welcher von den Hindu mit einer mythischen Rasse von Kuhhirten in Verbindung gebracht wird. Der Barrow hat 75 Yards Umfang, ist eiförmig, enthält 9800 qm Erde und ist mit einem stellenweise doppelten Kreise von 0,30—1,10 m hohen Steinen versehen. Die Ausgrabung wurde im Centrum begonnen und hier stieß, 1,40 m unter der Oberfläche, PEARSE auf reihenweise gestellte schwarze und braune irdene, mit der Drehscheibe hergestellte Gefäße; die schwarzen zerfielen zu Staub, sie hatten kegelförmige Deckel und breite Böden. Die braunen, wiewohl auch zerfallend, waren aus dauerhafterem Material. Alle diese Gefäße hatten eine durchaus verschiedene Form von den jetzt in jener Gegend üblichen thönernen Ghurras. Bei dem ferneren Graben wurden gut erhaltene, aber ebenholzschwarze Kokosnußschalen entdeckt; dann kam in 1,60 m Tiefe und 30 cm unter den Thongefäßen das eiserne verstählte Ende eines Pfluges zum Vorschein, ein noch jetzt bei den Eingeborenen benutztes und unter dem Namen *Nangur ke oolie* bekanntes Ackergerät. Noch etwas tiefer folgte das Skelett eines starkknochigen, 1,68 m großen Menschen, von dem nur wenig erhalten blieb. Auf der rechten Seite des Skeletts wurde eine verstählte Pflugschar und ein anderes Stahl-

[1] Journ. Ethnolog. Soc. New Series. I. 198 (1869).

gerät, auf der linken verschiedene Eisen- und Stahlgeräte gefunden, die nicht näher in unserer Quelle beschrieben sind, sich aber im British-Museum befinden. Auf der Brust lagen Kupfergefäße, die bei Berührung zerfielen. Auf dem Deckel eines der 12 cm im Durchmesser haltenden Kupfergefäße befanden sich in Hochrelief Figuren, welche Gänse, eine Schlange und einen Vogel darstellten. Bei einem zweiten Skelette wurde eine „Bratpfanne", ähnlich den noch jetzt bei den dortigen Eingeborenen gebrauchten und *Kurraie* genannten, gefunden; ferner ein großer goldener Ring, Löffel, Messer, Pflugenden, Spatel von Eisen und Stahl. Auch dieses Skelett, welches gleichfalls zerfiel, hatte ebenfalls zerbrechende Kupfergefäße auf der Brust liegen. Im Innern eines der Kupfergefäße befand sich ein kleines Kupferornament, geziert mit Gänsen[1]; es scheint ein Schalenhalter für eine Öllampe gewesen zu sein, und wenn dieses der Fall, das Vorbild für die großen Messinglampen mit Figuren aus Vögeln, die jetzt in den Bazars der großen indischen Städte verkauft werden. Pearse grub bis zu 3,30 m Tiefe, ohne weitere Funde in dem Barrow zu machen.

Die Schlüsse, die Pearse aus seiner Ausgrabung zieht, sind folgende. Die Erbauer des Barrow waren weder Buddhisten noch Hindu, denn sonst würden sie ihre Toten verbrannt haben. Es war ein starkes, kräftiges Volk, welches vortrefflichen Stahl kannte, Ackerbau trieb, Öl brannte, die Töpferscheibe kannte, Kupfer schmolz, Tier- und andere Ornamente darstellte und wohl auch Handel trieb, worauf die aus weiter Ferne stammenden Kokosschalen hindeuten. Manche der aufgefundenen Geräte scheinen Vorläufer der heute in Indien gebrauchten zu sein. Trotz der uralt erscheinenden Bestattungsweise unter einem mit Steinen umkreisten Tumulus und der Beigabe von Ackergeräten ist aber Pearse wegen der Bratpfannen und modern gestalteten Löffel doch abgeneigt, die Barrows von Nagpur einer alten prähistorischen Rasse zuzuschreiben.[2] Und damit thut er wohl recht, da der bis heute in Indien fortdauernde Brauch der Errichtung von Steinpfeilern, die nicht selten vorkommende Vereinigung uralter und sehr moderner Bräuche die größte Vorsicht in der Altersbeurteilung derartiger Funde erheischen.

---

[1] *"The goose,"* sagt Pearse, *„was sacred to the early Buddhists of India; but it is not therefore necessary to be inferred that this barrow was erected over Buddhists. The contra argument is just as probable, viz. that when Buddhism arose in India the goose was then venerated."*

[2] On the excavation of a large raised Stone Circle near Wurreegaon. Journ. Ethnolog. Soc. New Series. I. 207—217.

Gegenwärtige einheimische Eisenproduktion Indiens. Die systematische Durchforschung Vorderindiens, welche in der neuesten Zeit von der Regierung angestellt wurde, hat reiche Kohlen- und Eisenerzstätten ergeben. Das Wardhathal in den Centralprovinzen wird als eine der reichsten Eisenerzstätten der Welt geschildert. Ein nicht minder reicher Distrikt, Ranigunge, liegt in der Nähe von Kalkutta; im Salemdistrikt tritt der Magneteisenstein in meilenlangen Lagern von 15—30 m Mächtigkeit auf; ein zwei Miles langer und eine halbe Mile breiter Berg in Lohara besteht ganz aus Magneteisenstein und reinem Eisenglanz.

Vorderindien ist also reich an Eisenerzen, darunter ganz vorzügliche Sorten Magneteisen und Hämatite, auch sind titanhaltige Eisensande häufig. Auf der Weltausstellung zu London im Jahre 1862 waren indische Eisenerze und Hüttenprodukte reichlich vertreten.[1]

In der einheimischen, uralt bodenständigen Eisenindustrie werden Magneteisensteine, roter und brauner Glaskopf, Eisenglanz, namentlich aber Brauneisenerze verwendet. Zur Holzkohle bedient man sich des Teakholzes, der Akazie und besonders des Salbaumes *(Shorea robusta)*. Auch in Vorderindien ist der Schmelzprozeß die alte Rennarbeit, die unmittelbare Gewinnung des schmiedbaren Eisens aus dem Erze, mit niedrigen Öfen und einfachen Gebläsen betrieben, wobei das schmiedbare Eisen, eine Mischung von Schmiedeeisen und Stahl, als Frischstück oder Luppe erhalten wird.

Die in Indien angewandten Öfen, wiewohl einander nahe stehend, zeigen doch lokale Verschiedenheiten und werden nach Percy[2] in drei verschiedene Arten eingeteilt. An der Westküste, den westlichen Ghats, dann im Deccan und Carnatic ist die roheste Form vorhanden, welche namentlich bei den halbwilden Bergstämmen angewendet wird. Die anderen beiden Arten kommen in Mittelindien und dem Nordwesten vor; es gleicht davon die eine den catalonischen Feuern, die andere den Stücköfen Europas. Sie zeigen gegenüber der ersten Form einen Fortschritt, namentlich was die Produktionsfähigkeit betrifft.

In denjenigen Gegenden, wo die einfachste Methode betrieben wird, ist an Arbeitsteilung nicht zu denken. Hier sammelt dieselbe Familie das Erz, brennt die Holzkohle und macht das Eisen,

[1] Forbes Watson, A classified and descriptive catalogue of the Indian Departement. (London 1862) No. 16—123.

[2] Die Metallurgie. Deutsch von Knapp und Wedding. II. 490 ff.

welches sie nachher auch in solche Artikel verarbeitet, wie die Dorfbewohner verlangen. Oft ziehen die Schmelzer im Lande umher und bauen da ihre Öfen, wo ein Begehr nach Eisen und Erz und Holzkohle in genügender Menge vorhanden. Die in Orissa gebräuchliche primitive Art ist von M. T. BLANFORD[1] mitgeteilt worden; wir reproduzieren dieselbe hier auszugsweise. Die Form des Ofens wird aus den Figg. 17 und 18 ersichtlich; sie ist typisch für Niederbengalen. BLANFORD zeichnete sie im Dorfe Kunkerai, dessen elende und schmutzige Bewohner Tamulen sind, also zu der sogenannten Drawidarasse gehören. Die Leute ziehen von Ort zu Ort und bleiben dort, so lange Erz und Holz vorhanden sind. Beginnen diese zu fehlen oder ereignet sich ein böses Omen, so wandern sie weiter und nur große Schlakkenhalden zeugen von ihrer ehemaligen Anwesenheit.

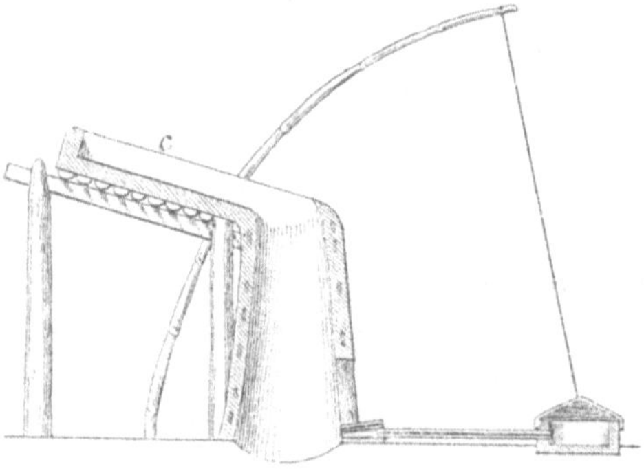


Fig. 17. Eisenofen in Orissa. Durchschnitt. Nach BLANFORD.

Fig. 18. Seitenansicht desselben.

Die wesentlichen Teile des Ofens sind der cylindrische Schacht und das Gebläse. An den oben offenen Schacht schließt sich ein geneigter thönerner Trog (*c* in Fig. 17—19), der zum Aufgeben der Beschickung dient und von einem Holzgerüste getragen wird. Dieser Trog findet sich nur in wenigen Dörfern. Der Ofen selbst ist roh aus thonigem Sand cylindrisch oder kegelförmig mit 7 cm dicken Wandungen, 85 cm hoch und im Durchmesser 28 cm haltend, hergestellt. Am

[1] Bei PERCY a. a. O. II. 493.

unteren Teil befinden sich zwei Öffnungen, eine vorn zur Einsetzung der Form (für die Düse), aus der auch später das schwammige Eisen herausgezogen wird und die während des Ganges verschmiert ist; die zweite Öffnung (*b* in Fig. 18. 19) im rechten Winkel zur vorigen, unter der Oberfläche des Erdbodens, mündet in einen geneigten kleinen Graben, in welchen die Schlacke absickert; wenn letztere erstarrt ist, wird sie gelegentlich von einem Arbeiter mit einer Zange entfernt. „Das in Orissa angewendete Gebläse,“ sagt Blanford, „ist sehr sinnreich und vielleicht ökonomischer für menschliche Arbeit als irgend eine andere Form von Handbalgen.

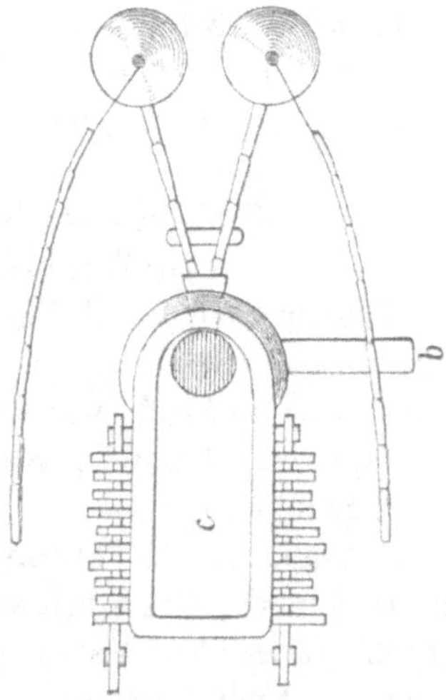


**Fig. 19. Eisenofen in Orissa. Obere Ansicht.**

**Fig. 20. Aufgeblasener Balg in Orissa. Nach Blanford.**

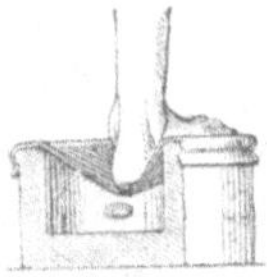

**Fig. 21. Ausgepresster Balg in Orissa. Nach demselben.**

Die Figuren 20 und 21 zeigen Durchschnitte davon, ersterer, wie das Gefäß mit Luft gefüllt, letzterer, wie die Luft ausgepreßt ist. Es besteht aus einem kreisförmigen Stück von hartem Holz, meist Mangoholz, welches roh ausgehöhlt und mit einem Stück Büffelhaut überzogen ist, in deren Mitte sich ein kleines Loch befindet. Durch dieses Loch ist ein starker Strick gezogen, welcher an der Innenseite des Balges mit einem Holzknebel versehen ist, um sein Herausgleiten zu verhindern, während das andere Ende an eine gebogene, fest im Boden neben dem Ofen befestigte Bambusstange gebunden ist. Dies Bambusrohr wirkt als Feder und zieht den Strick und folglich die Hautbedeckung des Balges so hoch als möglich, während die Luft neben dem Stricke durch das Loch in den Hohlraum tritt. Ist der Balg so gefüllt, so stellt der Arbeiter seinen Fuß auf die Haut, schließt dabei mit der Ferse das Loch in deren Mitte und preßt mit dem ganzen Gewichte seines Körpers die Haut hinab und die Luft hinaus. Letztere nimmt ihren Weg durch das Bambusrohr, welches den Balg mit der Form des Ofens in Verbindung setzt. Zugleich zieht er den Bambusstock an derselben Seite mit dem Arme nieder. Es sind nun zwei derartige Bälge nebeneinander aufgestellt, welche, vermittels Bambusröhren mit derselben Form in Verbindung gesetzt, die Luft beim Drucke des einen oder anderen Fußes abwechselnd und ziemlich ununterbrochen in den Ofen liefern.“

Man wird aus dieser Schilderung Blanford's, sowie aus den Abbildungen sofort die große Ähnlichkeit, ja Übereinstimmung dieses Gebläses mit dem altägyptischen und vielen afrikanischen Gebläsen erkennen. Die federnden Bambusstöcke sind jedoch speciell indische Zuthat.

Forbes Watson, der ganz ähnliche Schilderungen von dem Eisenhüttenwesen in Katak und Dependenzen (Orissa) entwirft, giebt an, daß namentlich die Gegend von Talchir, Dhenkanal, Pal Lahara, Ungul und Sambhalpur reich an Eisen sei. Das rohe einheimische Metall wird dort zu einem Anna per Seer verkauft, was etwa acht Pfennigen per halbes Kilogramm entspricht. Nach Dr. Shortt ist das in jenen Gegenden verwendete Erz ein roter Oker, mit 46 % metallischem Eisen; die Holzkohle stellt man aus Sal *(Shorea robusta)* her. Der erhaltene Eisenklumpen wird nach dem Aufbrechen des unteren Ofenteils (bei der Form) noch glühend mit eisernen Zangen hervorgezogen und auf einem Ambos aus Stein (seltener aus Eisen) ausgehämmert.[1]

Eine höher entwickelte Eisenindustrie finden wir in Alwar in der Radschputana, südwestlich von Dehli, wo jährlich über 500 Tons gutes Eisen von den Eingeborenen dargestellt werden. Die Öfen sind 1,10 m hoch und werden mit 13 Maunds (260 kg) Eisenerz und elf Maunds (220 kg) Kohlen in abwechselnden Lagen beschickt. Zwei von Kindern und Frauen bediente Blasebälge bilden das Gebläse. Die Düse, durch welche die Luft zuströmt, ist von Thon und heißt „Twyere“; ist sie bis auf 5 cm Länge abgeschmolzen, so ist dieses ein Zeichen, daß das Eisen heruntergegangen ist und sich als Klumpen (Schori) im Herde gesammelt hat. Man bricht nun den unteren Teil des Ofens auf und der noch rotglühende „Schori“ wird mit Keilen in zwei Hälften von je 50—70 kg zerschlagen. Diese zwei

[1] Forbes Watson a. a. O. 5 unter No. 96.

Hälften bringt man nun nochmals in einen Ofen, wo sie zur Weißglühhitze gebracht und dann zu Stücken gehämmert werden.[1]

Anschließend an den Eisendistrikt von Alwar ist jener von Firospur südlich von Dehli zu erwähnen. Hier wird in Gruben von 1,70 m Tiefe der Hämatit, Bura genannt, gewonnen. Das Erz wird mit Steinen in kleine Stückchen zerschlagen und dann in den Naudri oder Schmelzofen gebracht. Dieser ist rund, kegelförmig, 2,5 m hoch, oben spitz, unten weit. Er wird mit 13 Maunds Erz und 12 Maunds Holzkohle in Wechsellagen beschickt. Jeder Ofen hat zwei Paar Blasebälge, welche 18 Stunden lang kontinuierlich in Thätigkeit sind. Dann wird der Prozeß eingestellt und am Boden des Ofens finden sich drei Maunds unreines Eisen. Dieses wird nun wiederholt erhitzt und gehämmert bis $1\frac{1}{2}$ Maund reines Eisen *(loha pakka)* das Endresultat sind. Zum wiederholten Erhitzen braucht man noch fünf Maunds Holzkohle.[2]

Fig. 22. Eisengewinnung in den Khasiabergen. Nach HOOKER.

In Kamaon (Nordindien, am Fuße des Himalaya) benutzt man zur Darstellung des Eisens einen niedrigen Herd von 56 cm Durchmesser und lederne Schlauchblasebälge. SOWERBY, der diese Nachricht giebt, meint, die Eisenindustrie sei hier unabhängig von Südindien entstanden.[3]

Wie die Gebirgsbewohner Assams sich noch durch Ursprünglichkeit der Sitten und Gebräuche auszeichnen und bei ihnen noch heute megalithische Male errichtet werden, so ist auch die Eisen-

[1] POWLETT, Gazetteer of Ulwur. London 1878. 81.
[2] POWELL, Economic Products of the Punjab. Roorkee 1868. I. 2.
[3] The Annals of Indian Administration. Serampore 1860. IV. 69.

darstellung bei ihnen noch eine höchst primitive, wie aus zwei vorliegenden Berichten hervorgeht.

Hooker hat über die Eisenschmelzen im Nonkreemthale der Khasiaberge berichtet.[1] Danach ist das von den dortigen Ureinwohnern verhüttete Erz Eisensand, der durch Auswaschen aus einem Granitsande gewonnen wird. Das Erz muß sehr reichlich vorhanden sein, da das Land überall von Waschgräben durchzogen ist und einige große Teiche nur für diesen Zweck aufgestaut sind. Das Schmelzen wird in sehr primitiv angelegten Holzkohlenfeuern vollführt, die ihren Wind aus kolossalen, doppelt wirkenden Bälgen erhalten. Diese letzteren werden von je zwei Personen getreten, wie es Fig. 22 veranschaulicht. Weder Öfen noch Flußmittel werden bei der Reduktion angewendet. Das Feuer wird an der einen Seite eines aufrecht stehenden Steines (ähnlich einem Grabstein) angezündet. Durch diesen geht unten ein halbrundes Loch, in welches die Düse mündet, welche durch ein gegabeltes Bambusrohr den Wind der beiden Bälge empfängt, die Hooker leider nicht näher schildert. Das Erz wird zu zweifaustgroßen Metallstücken mit runzliger Oberfläche verblasen.

Dieselben Gebläse kommen bei einer zweiten abweichenden Schmelzmethode zur Verwendung, die gleichfalls von den Khasias angewendet, und von W. Cracroft beschrieben wird.[2] „Man hat große Rasenhütten gegen 7 m hoch und mit einem ringsum bis zur Erde reichenden Strohdache. Das Innere von ovaler Form, 4,5 m und 6 m in den Durchmessern, ist in drei Abteilungen geteilt, deren mittlerer der Schmelzraum ist. Zwei große Doppelbälge, deren Düsen abwärts gehen, sind an der einen Seite dieser Abteilung aufgestellt; auf denselben steht ein Mann, mit einem Fuß auf jedem, seinen Rücken unterstützt durch zwei Bretter. In seiner linken Hand hält er einen Stecken, welcher am Dach aufgehängt und mit zwei an den Bälgen befestigten Stricken nach unten zu versehen ist. Die Bälge werden sehr schnell durch eine schaukelnde Bewegung der Lenden und die Gewalt des Beines bewegt. Die Düsen vereinigen sich zu einer Röhre, welche unterhalb des Erdbodens von einer Art Windsammler zu dem etwa 1 m davon angelegten Ofenherd läuft. Über dem Herde ist ein mit Eisenbändern versehener Rauchfang von Pfeifenthon mit 56 cm Durchmesser und etwa 1,70 m

[1] Himalayan Journals. London 1854. II. 310. Citiert bei Percy a. a. O. II. 501.

[2] Smelting of iron in the Kasya-Hills. Journal of the Asiatic Soc. of Bengal. 1832. I. 150. Citiert bei Percy a. a. O. II. 502.

Höhe angebracht. Die untere Mündung befindet sich an der von den Bälgen abliegenden Seite und die Esse ist in entgegengesetzter Richtung geneigt, um die heiße Luft vom Schmelzer ab und nach einer Öffnung im Dache zu führen. Rechts von dem Gebläse und in gleicher Höhe mit dem obersten Teil des Rauchfanges befindet sich ein Trog, welcher feuchte Holzkohle und Eisensand enthält. Bei jeder Bewegung seines Körpers greift der Arbeiter mit einem langen Löffel ein Stück Holzkohle und wirft es samt dem anhängenden Eisensand durch die Esse des Ofens. Sobald eine Masse geschmolzenen oder besser erweichten Eisens sich in dem Herde gebildet hat, wird sie mit Zangen herausgeholt und mit einem schweren hölzernen Schlägel auf einem großen als Amboß dienenden Stein bearbeitet. Das Eisen wird dann in diesem Zustande in die Ebenen hinabgesendet, teils zum Verkauf, teils zum Tausch."

Dieses sind die wesentlichen primitiven Methoden der Eisenerzeugung bei den Hindu, den Drawida nnd assamesischen Bergvölkern in Vorderindien. Das Produkt ist für den Bedarf genügend und wohl geeignet zu allen heimischen Geräten und Waffen. Ohne alle mechanische Hilfsmittel, von den Bälgen abgesehen, wird es, nach Blackwell, dem Mineral Viewer für Bombay, billiger dargestellt, als es in Europa mit all seinen Maschinen der Fall ist. Freilich besteht das indische Eisen nur aus kleinen Stäben.

Eisendarstellung auf Ceylon. Eisenhaltige Erze sind auf Ceylon vorhanden, nämlich rote und braune Eisensteine. Es wird jedoch kein Bergbau darauf getrieben, sondern die Erze werden nach Bedarf von der Oberfläche gesammelt und von Zeit zu Zeit auf sehr einfache Weise ausgebracht. Doch hat diese einfache Eisenerzeugung der Singalesen in der letzten Zeit sehr abgenommen, da das englische eingeführte Eisen weit billiger zu stehen kommt, als das einheimische. L. Schmarda hat die singalesische Eisengewinnung in der Umgegend Radnapuras kennen gelernt und folgendermaßen geschildert[1]: „Unter einem leichten Dache waren zwei Herde aus Thon, ganz in der Form der hessischen Tiegel und auch nicht viel größer. Durch eine Lehmwand waren sie von dem Gebläse, welches höchst originell ist, getrennt. Ein hölzernes Gefäß ist mit einer nassen Tierhaut, die in der Mitte ein Loch hat, zugebunden. Ein dünner Baumstamm, ungefähr 5 cm dick, ist mit dem einen Ende an einen Querbalken befestigt und hat an seinem

---

[1] Ludwig K. Schmarda's Reise um die Erde. Braunschweig 1861. 421 bis 424.

freien Ende einen Strick, welcher durch das Loch in die Haut geht und durch ein am Ende befestigtes Stückchen Holz diese gespannt erhält. Für jeden Herd sind zwei solcher Bälge nebeneinander, die nicht durch ein Windrohr, sondern durch eine oben offene Rinne in den Grund des Herdes münden. Die Blasebälge werden durch einen mit den Füßen arbeitenden Mann in Bewegung gesetzt, indem er abwechselnd die gespannte Haut niedertritt, wobei er mit seiner Fußsohle wie mit einem Ventil die Öffnung des Balges schließt. Durch die allerdings geringe Elastizität des dünnen Baumstammes, der aus der gebogenen Lage in seine normale zurückzukehren strebt, wird die Haut wieder in die gespannte Lage gebracht. Das Treten der Bälge geht rasch vor sich und ist sehr anstrengend, daher sich die Arbeiter dabei alle Viertelstunden ablösen. Die Zuschickung des Herdes war folgende: Mit einer aus Palmblättern geflochtenen Schaufel werden glühende Kohlen in den Grund des Herdes gebracht und mit einer Lage anderer Kohlen bedeckt. Der übrige Raum wird durch eine Matte in zwei Kammern geteilt; in die hintere werden Kohlen, in die vordere die gerösteten Erze geschüttet; die Röstung derselben geschieht im Freien durch Holzfeuer. Darauf wird nun angeblasen, indem der Arbeiter bald den einen, bald den anderen Blasebalg niedertritt. Die hintere Kammer wird mit kleinen Quantitäten Kohle fortwährend gespeist und von Zeit zu Zeit mit einem Stück Holz durchstoßen, um einen größeren Zug zu erzeugen. Am Ende der Feuerung, die 15 singalesische Stunden à 20 Minuten dauert, wird die Schlacke entfernt und das Eisen bleibt als großer Klumpen im Grunde des Herdes zurück. Die auf einmal in einen Herd gebrachte Erzmasse enthält 20—25 kg, die gewonnene Eisenmasse 10—12 kg. Die Erze mögen also 50—60prozentig sein. Das Eisen ist weich und gut und hat alle Eigenschaften des Stabeisens, daher können die Schmiede es auch unmittelbar verarbeiten.“

Der Prozeß, wie er hier geschildert wird, zeigt Ähnlichkeit mit jenem in Orissa, namentlich ist die Art des Tretens der Blasebälge und die Form der letzteren übereinstimmend mit dem durch Blanford weiter oben beschriebenen.

P r i o r i t ä t  d e s  K u p f e r s  o d e r  E i s e n s  i n  I n d i e n. Weder die heute heimische Kupfer- und Eisengewinnung, noch die Funde aus den vorgeschichtlichen Grabstätten in Vorderindien geben uns sichere Antwort auf die Frage nach der Priorität des Kupfers oder des Eisens in diesem Lande. Die Altersbestimmung der verschiedenartigen Gräber, sowie ihre ethnographische Zuteilung in einem

Lande, das so viele Völkerstürme gesehen hat, lassen viel zu wünschen übrig. Es bleibt somit noch die Sprache übrig, an welche die Frage nach der Priorität und dem Alter des einen oder anderen Metalles gerichtet werden kann. Soviel wir jetzt sagen können, ist sie noch das relativ sicherste Auskunftsmittel, wiewohl es immer etwas mißliches hat, daß ein einziges Wort und seine Geschichte uns für die Aufhellung einer wichtigen kulturgeschichtlichen Thatsache genügen sollen, für eine Thatsache, zu deren Beurteilung sonst eine ganze Reihe von Wissenschaften herangezogen werden muß. Und wie schwankend das Ergebnis gerade in dem hier interessierenden Falle sein kann, darüber möge uns das nachstehende belehren: „Will man sich," sagt O. Schrader, „durch ein praktisches Beispiel davon überzeugen, wie überaus unsicher die nur auf Etymologien beruhenden Schlüsse über die Kultur der Indogermanen zu sein pflegen, so stelle man sich die Urteile zusammen, welche die namhaftesten Sprachforscher, Männer wie Pictet, Schleicher, M. Müller, L. Geiger, Hehn, Benfey und andere, über die Bekanntschaft oder Nichtbekanntschaft der Indogermanen mit den Metallen ausgesprochen haben. Man wird dann finden, daß in dieser Frage nur eins sicher ist, daß nämlich das Vorhandensein keines Metalles für die Urzeit sicher, d. h. von allen oder den meisten Gelehrten gebilligt ist. Alle Metalle werden, eins wie das andere, für die Urzeit behauptet und geleugnet, obgleich doch die sprachlichen Thatsachen dieselben sind und obgleich wir es hier nicht mit Dilettanten, sondern mit bewährten Meistern der Sprachforschung zu thun haben."[1]

Max Müller[2] ist dafür, daß in Indien das Kupfer resp. die Bronze vor dem Eisen bekannt war. Im Sanskrit nämlich bedeutet *ayas*, welches mit lateinisch *aes* und gothisch *aiz* dasselbe Wort ist, ausschließlich Eisen. Müller vermutet jedoch, daß auch im Sanskrit *ayas* ursprünglich Metall (= Kupfer) bedeutete und daß diese Bedeutung von *ayas* verändert und spezialisiert wurde, als das Eisen an die Stelle des Kupfers trat. In Athara-Veda- und Vajasaneyisanhita-Stellen wird ein Unterschied zwischen *syamam ayas*, dunkelbraunem Metall, und *lohitam ayas*, glänzendem Metall, gemacht, indem das erstere Kupfer, das letztere Eisen bedeutet. Das Fleisch eines Tieres wird mit dem Kupfer, sein Blut mit dem Eisen verglichen. „Dies zeigt, daß die ausschließliche Bedeutung Eisen für

[1] O. Schrader, Sprachvergleichung und Urgeschichte. 208.

[2] Vorlesungen über die Wissenschaft der Sprache. Leipzig 1866. I. 220.

*ayas* erst später sich festsetzte und macht es mehr als wahrscheinlich, daß die Hindu, wie die Römer und Deutschen, dem Worte *ayas (aes* und *aiz)* ursprünglich die Bedeutung Metall *par excellence*, d. i. Kupfer, beilegten."[1]

So läßt sich also Eisen in Vorderindien gegen den Ausgang der vedischen Periode mit Sicherheit nachweisen, dann aber ist auch sein weitgehender Gebrauch durch die litterarischen Quellen bestätigt. Es wird in den Vedas häufig und wie ein ganz gewöhnlicher Gegenstand erwähnt und es scheint auch, daß die Inder zuerst den Stahl darzustellen verstanden. Der Name des sehr frühe bekannten Stahles Wutz (Wootz) ist aus dem Sanskrit *vadschra*, Diamant und Donnerkeil, entstanden.[2] Bekannt ist, daß Porus dem Alexander 15 kg Stahl, als das beste Geschenk, das er zu bieten vermochte, übergab.[3] Wir lesen in den Vedas von Panzern aus Eisenstahl, von glänzenden Lanzen und Helmen, von Schwertern und Speeren, von Pfeilen mit Stahlspitzen, kurz wir sehen hier das Eisen vor 3000 Jahren in verschiedenen Formen allgemein angewendet. Neben der Erzeugung im eigenen Lande läßt sich auch in den ältesten Zeiten Import und Export von Eisen in Indien nachweisen. Mit den nördlichen Ländern stand Indien frühzeitig in regem Verkehr. Auf dem Wege über Khotan erhielten die Inder aus dem oberen Gebiete des Jaxartes und aus Baktrien Seide und seidene Zeuge, Gold, Edelsteine, Pferde, Esel, Felle und Eisenwaren, trotzdem sie nicht nur selbst vortreffliches Eisen besaßen, sondern frühe die Kunst, es zu verarbeiten, ausgebildet hatten. Von Khotan berichten die Chinesen, daß seine Bewohner es verstanden, das Eisen zu gießen; ein Schreibzeug aus blauem Eisen

[1] Vergl. auch O. Schrader, Sprachvergleichung und Urgeschichte. 266, nach welchem Kupfer, nach den sprachlichen Beweisen zu schließen, bereits in der proethnischen Epoche der gesamten europäisch-asiatischen Menschheit bekannt war.

[2] Lassen, Indische Altertumskunde. I. 238.

[3] Stahlfabrikation wird in Indien auch jetzt noch vielfach erwähnt, selbst auf Ceylon, bei Ballangodde in der Gegend von Radnapura wird Gußstahl, in kurze Thonröhren gegossen, dargestellt (Schmarda's Reise um die Erde. I. 424). Wie dieser und andere Stahlsorten indessen genauer beschaffen sind, ist bei dem jetzt nach seinen Grenzen hin flüssig gewordenen Begriffe des Stahl, nicht näher zu sagen. Erwähnenswert ist noch folgendes Urteil Powell's (Economic products of the Punjab. Roorkee 1868. I. 1): "*Nowhere within British Territory* (Indiens) *is indigenous steel procurable, at all events such steel as would be of any use in the finer classes of manufacture. The cutlery of Nizambad and Gujrat is exclusively manufactured with imported steel, while the interior kinds are not steel at all, but merely polished iron.*"

wurde von einem Beherrscher des Landes einem ihrer Kaiser zugesandt.[1] Auch im Mahabharata, in dem aber Eisen selten erwähnt wird, ist die Rede von eisernen Pfeilen *(naraka)*, die aus den östlichen Ländern nach Indien importiert wurden.[2] Vom Export vortrefflicher eiserner Schwerter nach den westlichen Ländern hören wir beim Ktesias (400 v. Chr.); in seiner bekannten Weise berichtet er, daß jene Schwerter, in die Erde gepflanzt, Gewölk, Hagel und Blitzstrahlen abwendeten und daß das Eisen dazu aus einem tiefen Brunnen geschöpft werde, der sich jedes Jahr mit flüssigem Golde füllte etc.

Eisenbenutzung auf den Andamanen. Im Anhange zu Indien möge hier der Behandlungsweise des Eisens auf den Andamaneninseln im bengalischen Busen gedacht werden. Irgendwelche metallurgische Kenntnisse besitzen die Eingeborenen, die sogenannten Mincopies, welche man mit den Negritos zusammengestellt hat, nicht. Noch in der Mitte unseres Jahrhunderts verharrten sie völlig im Steinzeitalter und bedienten sich zur Herstellung ihrer Messer und sonstiger Geräte des Quarzes. Ihr Eisen haben sie zunächst durch Schiffbrüche und dann mit Gründung der englischen Strafkolonie (1784) erhalten, doch wurde es kaum benutzt und Quarzinstrumente blieben bis auf unsere Tage im Gebrauch. Auch jetzt verstehen die Eingeborenen noch nicht, es zu schmieden, sondern sie behandeln dasselbe ganz wie den Stein, d. h. sie hämmern es mit Steinen zu Pfeilspitzen und schleifen es zu Messern.[3]

## Die Zigeuner als Metallarbeiter.

Es ist als ob wir das Seitenstück zu den Schmieden Afrikas kennen lernten, wenn wir die Beschreibungen der Schmiede Indiens lesen; beide stehen auf derselben primitiven Stufe. Sonnerat schreibt: „Der (indische) Schmied führt sein Werkzeug, seine Schmiede und seine Esse stets mit sich und arbeitet überall, wo man ihn brauchen will. Die Schmiede richtet er vor dem Hause

[1] Lassen II. 566. 567. Ritter, Asien. V. 645. 737. 746.

[2] Lassen II. 550.

[3] Lane Fox in Journ. Anthropol. Institut. VII. 443. — A. de Roepstorff in Zeitschrift d. Ges. f. Erdkunde zu Berlin. 1879. 11.

desjenigen auf, der ihn berufen hat. Aus zerriebener Erde führt er eine kleine Mauer auf, vor der er seinen Herd anlegt: hinter dieser Mauer sind zwei lederne Blasebälge angebracht, die sein Lehrbursche wechselweise drückt und damit das Feuer anbläßt. Statt des Amboßes nimmt er einen Stein und sein ganzes Werkzeug besteht in einer Zange, einem Hammer, einem Schlägel und einer Feile."[1]

Und so wie diese indischen Schmiede, so sind ihre Abkömmlinge, wenn man so sagen darf, unsere Zigeuner noch heute; sie ragen mit der Art und Weise ihres Schmiedebetriebes als ein Überlebsel in unsere Zeit herein, merkwürdig konservativ, unverändert durch die umgebende Kultur und unbeleckt davon. Überall in Europa betreibt der Zigeunerschmied noch heute sitzend sein Gewerbe[2], das Handwerkszeug ist bei allen das nämliche, höchst einfache, doch sind oft schon an die Stelle der Lederschläuche zwei europäische alternierend benutzte Handblasebälge getreten. „Unter allen Nahrungsarten der Zigeuner," sagt Grellmann, „ist Schlosser- und Schmiedearbeit die gemeinste, so daß man ein ungarisches Sprichwort hat: soviel Zigeuner, soviel Schmiede, und bereits in einer Urkunde des ungarischen Königs Ladislaus vom Jahre 1496 werden Zigeunerschmiede erwähnt. Große, schwere Dinge schmieden sie nicht, sondern nur Kleinigkeiten: Hufeisen, Ringe, Maultrommeden, Nägel, Messer." Nirgends schmelzen die Zigeuner das Eisen aus, sondern sie verarbeiten nur altes, bereits vorhandenes. „Ihr Amboß ist ein Stein und was sie weiter gebrauchen, besteht in ein Paar Handbälgen, einer Zange, einem Hammer, Schraubstock und einer Feile." Kohlen brennen sie selbst in kleinen Meilern. „Er schmiedet nicht stehend, sondern sitzt dabei mit übereinandergeschlagenen Beinen auf der Erde; und das darum, weil sowohl die Einrichtung seiner Werkstatt, als seine Gewohnheit diese Stellung erfordert. Sein Weib sitzt ihm zur Seite und bewegt die Blasebälge."[3]

Die Zigeuner außereuropäischer Länder sind gleichfalls Schmiede in der angegebenen Weise; so z. B. die persischen (Kauli oder Karatschi genannt), welche außer dem Schmiedehandwerk und der

---

[1] Sonnerat, Reise nach Ostindien, citiert bei Grellmann, Die Zigeuner. Göttingen 1787. 323.

[2] Siehe die Abbildungen bosnischer Zigeunerschmiede Tour du Monde 1870. I. 284 und kaukasischer daselbst 1868. I. 189.

[3] Grellmann a. a. O. 80—84.

Verfertigung schöner Ketten sich auf das Verzieren der Gerätschaften verstehen.[1]

Auch Schmelzöfen verstehen die europäischen Zigeuner in höchst ursprünglicher Weise herzustellen, wenigstens ist dieses von SIMSON[2] für die schottischen Zigeuner in .Tweeddale und Clydesdale dargethan worden. Die Art, wie sie Eisen zu Pflugscharen und Bügeleisen aus solchen Öfen gießen, ist höchst einfach. Der Stamm wählt sich einen geschützten Ort, wo er aus Steinen, Rasenstücken und Thon einen runden Ofen von 80 cm Höhe und 40 cm Durchmesser herstellt, der auf der Außenseite bis oben hin sorgfältig mit einem Mörtel aus Thon verkleidet wird. Am Boden wird die Erde im Ofen etwas ausgehöhlt, um ihm größere Tiefe zu geben; dann wird er mit Kohlen oder verkohltem Torfe gefüllt und das Eisen, welches umgeschmolzen werden soll, in kleinen Stücken oben aufgegeben. Unten ist eine Öffnung gelassen, groß genug, um einen auf der Innenseite mit Thon ausgeschlagenen eisernen Schöpflöffel einzuführen. Durch eine andere kleine, wenig über dem Boden angelegte Öffnung wird die nötige Luft mit einem großen, von einem Weibe bedienten Handblasebalg gegeben. Schmilzt das Eisen nieder, so wird es unten in dem Schöpflöffel aufgefangen und in die bereit gehaltenen Sandformen gegossen. SIMSON sagt ausdrücklich, daß mit Eisen *(iron)* beschickt wird, doch ließe sich aus leichtflüssigen Erzen gerade so gut auf solche Weise das Metall herstellen, wenn auch nicht zum Gießen. Ob der Prozeß ein ursprünglicher bei diesen Zigeunern oder nur ein abgelernter ist, kann nicht mehr entschieden werden; wohl letzteres.

Eisenschmiede, Wahrsager und Musikanten sind die Zigeuner überall; mit dem Kupfer befaßt sich aber nur eine bestimmte Gruppe derselben in Südosteuropa, es sind dieses die (rumänisch) Calderari genannten, also Keßler, welche von der Türkei und untern Donau durch Siebenbürgen und Ungarn bis zu den Karpaten und nach Böhmen kommen. Auch das Verzinnen verstehen sie und die damit Beschäftigten nennt man in Rumänien Spoĭtori, ein Wort, dem wohl das deutsche „Spiauter“ zu Grunde liegt. Daß sie Goldwäscher (in Siebenbürgen, der Walachei) und auch Goldschmiede sind, ist bekannt.

Von einer Gruppe kleinasiatischer Zigeuner, den Malkotsch, sagt PASPATI[3], daß sie meistens Christen seien und sowohl in Eisen

[1] POLAK, Persien. I. 33.
[2] History of the Gipsies. London 1865. 234.
[3] Les Tschinghianés de l'empire ottoman. 346.

als in Bronze zu arbeiten verständen. P. BATAILLARD, einer der größten Kenner der Zigeuner, hat diese Notiz aufgegriffen und, unterstützt von einigen Scheingründen, sie weiter dahin ausgebaut, daß die Zigeuner dasjenige Volk waren, welches in Europa die Bronze einführte. Indien allein habe Kupfer und Zinn gemeinsam, dort wäre die Bronze entdeckt und von zigeunerischen *Commis voyageurs* über Europa verbreitet worden. Um diese Ansicht durchführen zu können, läßt BATAILLARD die Zigeuner seit Urzeiten in Europa auftreten; für ihn ist es keinem Zweifel unterworfen, daß sie die Sigynen des Herodot sind etc.[1]

Andere Gründe — als etwa noch die Kleinheit der Zigeunerhände und die auf kleine Hände deutenden Griffe der Bronzeschwerter — weiß BATAILLARD nicht beizubringen und er muß ebenso wie jene auf Abwege geraten, welche die Bronze, wie die Metalltechnik überhaupt, aus einer einzigen Quelle abzuleiten und mit Hilfe von Wandervölkern über den Globus verbreiten wollen, statt einen gesunden Polygenismus auch auf diesem Gebiete anzunehmen. Ob etwa unsere Bronzen in ihrem Stil mit indischen übereinstimmen, an eine so untergeordnete Frage hat der sonst hochverdiente Forscher nicht gedacht und seine Hypothese dürfte wohl kaum zu erwähnen gewesen sein, wenn nicht im Verfolge derselben die interessante Thatsache zu Tage getreten wäre, daß es auch noch in Europa Zigeuner giebt, die in Bronze arbeiten.

Wir verdanken diese Entdeckung dem verdienten polnischen Anthropologen J. KOPERNICKI, welcher zigeunerische Gelbgießer im südöstlichen Galizien an der Grenze der Bukowina auffand und ihre Technik studierte.[2] Man nennt sie Zlotari (Plural von Zlotar, vom slavischen *zloto,* Gold), Goldarbeiter, oder Dzvonkari (von *dzvon,* Glocke), Glockengießer, weil sie Glocken von verschiedener Größe für das Weidevieh gießen. Ferner stellen sie aus Bronze oder Messing die Beile her, welche von den Ruthenen an ihren Stöcken getragen werden, Buckeln für Gürtel, Agraffen, kleine Kreuze, mit denen Bauermädchen am Halse sich schmücken, nadelförmige Pfeifenräumer u. dgl. Waffen fabrizieren sie nicht, ja es fehlen in ihrer Sprache die Namen dafür. Die Hauptsitze der zigeunerischen Gelbgießer sind Hlinnitza am rechten Ufer des Pruth

---

[1] BATAILLARD, Sur les origines des Bohémiens und Les Tsiganes de l'âge du bronze. Bullet. soc. d'Anthropol. 1875. 546 und 563.

[2] KOPERNICKI's ausführlicher Bericht ist mitgeteilt und mit Bemerkungen versehen von BATAILLARD unter dem Titel Les Zlotars, dits aussi Dzvonkars in Mém. soc. d'Anthropol. Deuxième serie. I. 499—566 und Tafel 17.

und Sadogora bei Czernowitz. Im ersteren Orte hat KOPERNICKI sie besucht und sie bei der Arbeit gesehen.

Zur Fabrikation benutzen sie, wie erwähnt, Bronze *(tscharkom)* und Messing *(galbeni tscharkom)*, sowie Packfong. Die Bronze wird ausschließlich zu den Glocken verwendet. In ihrer Sprache besitzen sie Ausdrücke für schmelzen *(te bilbel* oder *te bilarel)* und gießen *(te sorel)*; benutzt wird altes Messing, das sie umschmelzen und dem sie nach Bedarf Kupfer *(tscharkom)* oder Zinn *(artschitsch)* zusetzen; Zink *(sperton,* Lehnwort) wird wenig benutzt, dagegen ist Borax *(poroska,* also Lehnwort) ihnen unentbehrlich. Alle diese Materialien kaufen sie in kleinen Städten. Ihre Geräte und Werkzeuge bestehen in Graphittiegeln *(kutschi)* und Blasebälgen *(pischod)*, welche letztere nach der Beschreibung und Abbildung (Fig. 23), die KOPERNICKI giebt, eine durchaus altertümliche und mit der indischen übereinstimmende Form haben. Dieser Blasebalg dient

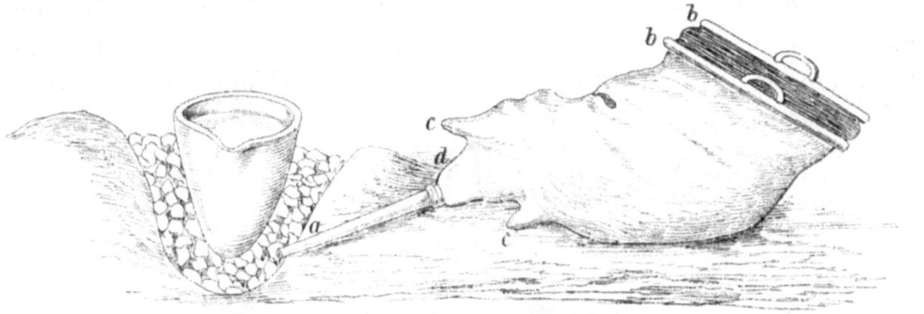


Fig. 23. Blasebalg der Zlotars. Nach KOPERNICKI.

zugleich, wenn die Zlotari ihr Gewerbe an einem anderen Orte ausüben wollen, als Reisesack. „Dieser Sack," berichtet KOPERNICKI, „besteht aus einem einzigen Stücke: man zieht ein Kalb oder einen Hammel ab, indem man einen Rundschnitt um den Körper gerade hinter den Achseln macht.[1] Ohne die Haut zu verletzen, zieht man das Fell bis zu den Knieen und soweit als möglich bis zum Schwanze ab. Nachdem dies Fell so gut es angeht, gegerbt worden, um es geschmeidig zu machen, verschließt man hermetisch die beiden Öffnungen am Eingange der Beine, welche nun zwei seitliche Anhängsel (cc) bilden, setzt eine Röhre an der Stelle des Schwanzes ein und bringt zwei Stäbe (bb) am Eingange des Sackes an — und der Blasebalg ist fertig." Die absolute Übereinstimmung

[1] Wie unser deutsches Wort „Balg" in Blasebalg bezeugt, sind diese Instrumente bei uns auch ursprünglich nichts anderes gewesen als die abgezogenen Tierhäute. Und so ist es auch im Russischen, wo auch das Wort für Haut *(mjech)* dieses Gerät bezeichnet.

dieses Blasebalges mit verschiedenen in Afrika und Indien benutzten liegt auf der Hand; er ist uraltes Besitztum dieser Zigeuner und, wie ich glaube, fast das einzige bei dem Prozesse der Zlotari gebrauchte ursprüngliche Stück. Was aber dann Kopernicki uns über das Formen und Gießen berichtet, stimmt zugleich mit den in allen europäischen Gießereien beobachteten Methoden überein; namentlich tragen die sogenannten Gußkästen durchaus den Charakter wie in unseren Fabriken und die dargestellten Glocken und Christusbilder etc. zeigen ganz offenbar entlehnte Gestaltung. Hier ist nichts ursprünglich zigeunerisches[1]; echt dagegen ist wieder, daß der Zlotar sitzend arbeitet, wie dieses schon von den Zigeunerschmieden hervorgehoben wurde.

Es ist wohl zu beachten, daß die (deutschen) Zigeuner die Metalle vom Standpunkte des Eisens aus benennen. Eisen, *saster,* ist aus dem Sanskrit *çastra,* einer späten Bezeichnung für dieses Metall, entstanden; Kupfer ist ihnen *lolo saster,* rotes, und Messing *dscheldo saster,* gelbes Eisen. Danach wäre ihnen das Eisen am frühesten und ursprünglich bekannt gewesen. Kupfer und Messing haben sie wohl erst in Europa kennen gelernt.

---

## Die Metallurgie der Malayen.

Malayische Eisenbereitung. Die Malayen und ihnen nahe stehende Völker sind seit sehr alter Zeit mit der Eisenschmelzung vertraut gewesen, wie sie denn überhaupt vortreffliche Metallarbeiter sind. Einheimischen, malayischen Ursprunges, sind die Bezeichnungen für Gold, Eisen und Zinn in den verschiedenen Idiomen dieser Rasse, so daß man annehmen kann, die Darstellung dieser Metalle entstamme ursprünglich heimischer Kenntnis. Silber, Bronze und Kupfer dagegen werden mit Sanskritnamen auf den ostasiatischen Inseln bezeichnet, was auf Einführung dieser beiden Metalle aus Indien deutet. Doch giebt es auf Sumatra eine heimische Bezeichnung für Kupfer, nicht aber auf den übrigen Eilanden.[2] Die Ein-

[1] Kopernicki führt die einfachen, wertvollen Thatsachen an. — Die unhaltbare Hypothese von der Einführung der Bronze in Europa durch die Zigeuner ist lediglich Bataillard's Eigentum.

[2] Crawfurd, Hist. Indian Archipelago. I. 182 und Transactions Ethnolog. Soc. New Series. IV. 4 (1866).

führung jener Metalle aber darf in die Zeit gesetzt werden, als von Indien aus der Brahmanismus nach Java vordrang und dort seine riesigen Tempel errichtete, in deren Ruinen man wohl Götzenbilder, Opferschalen etc. aus Bronze, aber keinerlei schneidende Werkzeuge und Geräte aus dieser Legierung fand, weil letztere wohl bereits aus dem heimischen Eisen von den Eingeborenen verfertigt worden waren. Alles deutet darauf hin, daß Eisen früher als Bronze im malayischen Archipel bekannt und gebraucht wurde.

Bei den verschiedenen malayischen Völkern, zumal den Javanen, gilt das Handwerk eines Schmiedes als ein höchst ehrenvolles; in der alten Geschichte werden die Schmiede als hoch im Ansehen stehend und reich mit Ländereien belohnt erwähnt. So schon im elften Jahrhundert, zur Zeit des Reiches Pajajaran, nach dessen Verfalle 800 Schmiedefamilien sich in das Reich Majapahit wandten. Nach dessen Zerstörung im 15. Jahrhundert zerstreuten sich die Schmiede über ganz Java, wo sie heute unter dem Namen *pandi* bekannt sind. Die charakteristischen malayischen Gebläse, welche wir gleich näher schildern werden, waren in jener Zeit schon im Gebrauche, wie die Steinskulpturen in den alten Ruinen von Suku beweisen, auf denen die Gebläse dargestellt sind.[1] Für das hohe Ansehen, in welchem die Schmiede standen, spricht das Wort *pandi*, welches zugleich den kundigen und gelehrten Mann bedeutet, entstanden wohl durch die Wertschätzung, welche man dem Eisen beilegte, als es noch neu war. Diese Schätzung hat sich lange erhalten, da bis in unsere Tage das Eisen vielfach Geld und Wertmesser in den malayischen Ländern blieb. In Bruni (Borneo) liefen in der Mitte unseres Jahrhunderts neben Shirtingstreifen noch zolllange Eisenstückchen (englischen Ursprunges) um, die jetzt aber durch englische und chinesische Kupfermünzen ersetzt sind.[2]

In der malayischen und javanischen Sprache stimmen die Wörter für Eisen, Amboß, Hammer, Zange, Feile, Meißel, Messer, Dolch, Schwert überein; dieselben sind auch bei den Dajaks von Borneo gebräuchlich und vereinzelt bis zu den Philippinen mit der malayischen Invasion vorgedrungen.[3] Alle Mythen und Traditionen der malayischen Völker deuten auf die Halbinsel Malakka und die Insel Sumatra als Ausgangspunkt ihrer Rasse und da nun Sumatra sehr reich an Eisen ist und alte Eisenschmelzen dort wiederholt, so in

[1] Stamford Raffles, History of Java. London 1830. I. 192.
[2] Spenser St. John, Life in the far east. II. 277.
[3] Crawfurd in Transact. Ethnolog. Soc. New Series. IV. 4.

der Nähe des Merapi, gefunden worden sind, auch die Eisenindustrie dort eine alt bodenständige ist, so kann man annehmen, daß von hier aus dieselbe sich über die Inselwelt verbreitete und zwar bis Neuguinea im Osten, bis zu den Philippinen im Norden und Madagaskar im Westen.[1] Es giebt für den Zusammenhang und den gemeinschaftlichen Ursprung der Eisenindustrie innerhalb des eben bezeichneten Raumes ein untrügliches Kennzeichen, nämlich die Art der eigentümlichen angewandten Gebläse, welche eine Doppelpumpe mit Stempeln darstellen, die entweder aus zwei Bambusröhren oder zwei ausgehöhlten Baumstämmen besteht und die wir überall in den nachfolgenden Einzelschilderungen wiedertreffen werden.

Die Eingeborenen Sumatras bedienen sich bei ihren Schmiedearbeiten des Holzkohlenfeuers. Die Gebläse schildert Marsden[2] folgendermaßen: „Zwei Bambus, etwa 10 cm im Durchmesser und 1;5 m lang, stehen senkrecht neben dem Feuer und sind oben offen, unten aber verstopft. Ungefähr 3—5 cm vom Boden wird in jedes ein kleines Stück Bambus eingesetzt, welches auf das Feuer zugeht und die Stelle der Nase vertritt. Um einen Luftstrom zu bekommen, werden Bündel von Federn oder anderen weichen Körpern an langen Stielen in den senkrechten Röhren auf- und niedergestoßen, wie der Stempel in einer Pumpe. Wenn sie niederwärts gestoßen werden, so treiben sie die Luft durch die kleinen horizontalen Röhren und da jede derselben wechselweise auf- und niedergestoßen wird, so wird ein beständiger Wind erhalten. Es wird dies gemeiniglich von einem Knaben verrichtet, welcher auf einem erhöhten Gestell steht."

Völlig gleich diesen Gebläsen, oder nur in kleinen Einzelheiten abweichend, sind jene, welche von den Dajaks, den Eingeborenen Borneos, benutzt werden und deren auf die einfachste Weise her-

[1] Es mag hier an einem Beispiel gezeigt werden, wie innerhalb eines durchaus metallkundigen Volkes sich Oasen erhalten, welche im alten Zustande vormetallischer Zeit beharren. Der metallreichen Insel Sumatra ist westlich vorgelagert das Eiland Engano. Die Eingeborenen lebten dort bis vor kurzem noch in der Steinperiode. Die Schmiedekunst, sonst bei allen Malayen verbreitet, war ihnen fremd. Seit ihnen Eisen zugeführt wird, verfertigen sie ihre Lanzenspitzen auf kaltem Wege durch Klopfen und Schleifen aus gewöhnlichen Messern. (v. Rosenberg, Der malayische Archipel. Leipzig 1878. 210.) Es zeigt dieses, wie bei demselben Volke in unmittelbarer Nachbarschaft zwei sogenannte Kulturperioden in derselben Zeit nebeneinander bestehen können, ein Wink, der für die Bestimmung mancher prähistorischen Funde nicht aus den Augen gelassen werden mag.

[2] Beschreibung der Insel Sumatra. Leipzig 1785. 190.

gestelltes stahlartiges Eisen *is preferred to that of European make.*[1] Während in Sawarak der Stamm der Kayan als der erfahrenste im Eisenschmelzen gilt, haben diesen Ruf im Südosten die Bewohner des Distrikts Dusun Ulu, welche nach SCHWANER's Bericht Thoneisensteine der Braunkohlenformation verhütten. Die cylindrischen Schmelzöfen werden über einem Holzkern in einer Form aus Rinde von Thon gestampft; sie sind 90 cm hoch und rings von Bambusstreifen zusammengehalten. Das Innere ist gleichmäßig cylindrisch, der Herd aber rechteckig, 40 cm breit, 60 cm lang und 20 cm tief.

Jeder Ofen hat ein oder mehrere Öffnungen mit Thonformen für den Wind und eine für den Schlackenabfluß. Der Wind wird vom Boden des Cylinders durch Bambusröhren zu den Formen geführt. Die Art, wie der Gebläsestempel in Bewegung gesetzt wird, ist aus der Abbildung Fig. 24 ersichtlich. Das Erz wird vor dem Aufgeben mit Holz geröstet, in kleine Stücken zerschlagen, mit der zehnfachen Menge Holzkohlen gemischt und so in den bereits zu zwei Dritteln mit Holzkohlen gefüllten Ofen gebracht. Das Gebläse wird dann mit 40 Hüben pro Minute angelassen. Die Schlacken sticht man von 20 zu 20 Minuten ab und unterbricht währenddem den Wind. Gegen Ende der Operation steigert man den Wind. Es resultiert schließlich eine Eisenluppe von 45 kg. Dieselbe wird am Boden des Ofen vermittels hölzerner Zangen herausgeholt und mit hölzernen Schlägeln bearbeitet. An einem solchen Stück arbeiten vier Mann einen Tag lang. Sein Handelswert ist $3^1/_2$ Mark.[2]

Fig. 24. Eisenschmelze der Dajaks. Nach TEMMINCK.

[1] H. EVERETT, Useful minerals of Sarawak in Journ. of the Straits Branch of the R. As. Soc. I. 20 (1878).

[2] Nach Dr. SCHWANER's Reisen in Borneo bei PERCY a. a. O. I. 512. Die Abbildung nach TEMMINCK im Globus. XXX. 40.

Daß auch auf den Philippinen, die von den Malayen besiedelt wurden, durch dieses Volk die Eisenschmelzung eingeführt wurde — während die eingeborenen Negritos nicht zur Metallindustrie sich aufschwangen — geht aus der Schilderung des alten DAMPIER[1] hervor, dem sofort die eigentümlichen Gebläse auffielen. *"Their bellows are much different from ours. They are made of a wooden cylinder, the trunk of a tree, about three feet long, bored hollow like a pump, and set upright on the ground, on which the fire itself is made. Near the lower end there is a small hole, in the side of the trunk next the fire, made to receive a pipe, through which the wind is driven to the fire by a great bunch of fine feathers, fastened to one end of the stick, which, closing up the inside of the cylinder, drives the air out of the cylinder through the pipe. Two of these trunks or cylinders are placed so nigh together, that a man standing between them may work them both alternetely, one with each hand."* Als Amboß dient ihnen ein harter Stein, das Feuer wird mit Holzkohlen genährt; mit ihren einfachen Instrumenten arbeiten sie aber, wie DAMPIER sagt, *"to admiration"*. Sägen waren unbekannt und Bretter wurden durch Behauen mit der Axt hergestellt.

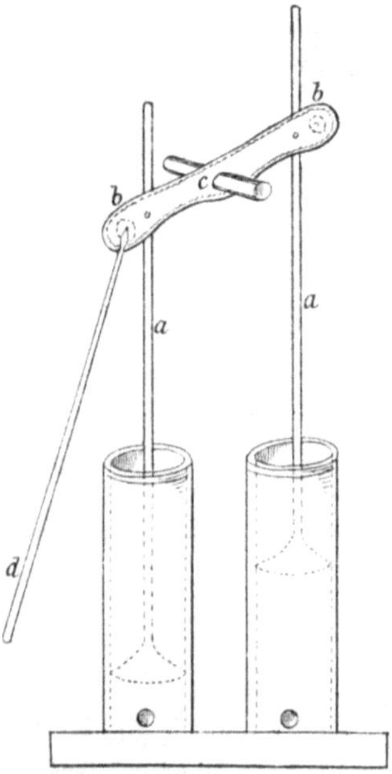


Fig. 25. Malayisches Gebläse. Sammlung RIEBECK.

Eine sinnreiche Abänderung, um beide Stempel durch eine Person bewegen zu können, findet sich an den Luftpumpen, die von den Schmieden in Rangun (Pegu) benutzt werden, wie an einem von Dr. RIEBECK (Nr. 3709 seiner Sammlung) mitgebrachten Exemplare ersichtlich (Fig. 25). Die Stempelstangen *aa* sind durch einen als Doppelhebel wirkenden, mit einfacher Schnitzerei verzierten Querbalken *bb* verbunden, der durch ein bei *c* in der Mitte angebrachtes Querholz mit einer hinter dem Gebläse stehenden festen Wand verbunden ist. Durch Auf- und Abziehen der Stange *d* wird die alternierende Bewegung der Stempel bewirkt.

Wenden wir uns noch weiter nach Norden, so treffen wir auf

[1] Voyages. London 1703. I. 331.

die Igorroten im Innern der Insel Luzon, welche gleichfalls das Eisen nach der allgemeinen malayischen Art darstellen, wie aus den Schilderungen von Dr. Hans Meyer[1] hervorgeht.

„Im ganzen Distrikt hat Bugias einen Ruf wegen seiner Eisenschmiede. Aber die Leute, die ihre Kunst als Geheimnis bewahren, sind bisher noch von keinem Reisenden zu bewegen gewesen, einen Einblick in ihr Schmiedehandwerk zu gestatten. Mir gelang es nach vielem Zureden und Versprechen. Sie führten uns nach einem Hügel abseits der Rancheria, wo unter einem Schilfdache Schmiede bei der Arbeit waren. Nebeneinander in den Boden gerammt stehen zwei etwa 1 m hohe ausgehöhlte Baumstämme, in die unten unmittelbar über dem Erdboden je ein Loch gebohrt ist, groß genug, daß zwei Bambusrohre hineingefügt werden können, die ihrerseits nach einem ebenfalls auf der Erde liegenden Thonrohre konvergieren und durch dieses das nötige Gebläse dem Kohlenfeuer zuführen, das vor der anderen Öffnung des Thonrohres brennt. Das Gebläse wird durch zwei Holzscheiben hervorgebracht, die, des dichteren Schlusses wegen, mit Federn gefüttert in die beiden Baumstämme eingelassen sind und an zwei Stäben als Handhaben von einem Igorroten abwechselnd auf und ab bewegt werden, wie die Stempel zweier Dampfcylinder. Das Gußeisen (soll wohl heißen das rohe Frischeisen?), das sie oben in den Bergen angeblich durch denselben Mechanismus aus dem dortigen Erz gewinnen, verwandeln sie hier durch nichts als aufeinander folgendes Glühen, Schmieden und Kühlen in Schmiedeeisen, und dies verarbeiten sie durch Schmieden auf Quarzsteinblöcken mit Hämmern aus Basalt oder Quarz zu Waffen und Geräten. Die Schmiede sind das erste mir bisher vorkommende Beispiel einer eigentlichen Handwerkerklasse unter den Igorroten.“

Haben wir hier die malayische Art der Eisengewinnung und Verarbeitung bis zu ihrer nördlichsten Grenze verfolgt, so finden wir die östlichste Ausdehnung derselben in Neuguinea und zwar im westlichsten Teile dieser großen Insel bei Doreh. Die Gebläse sind dort identisch mit den schon geschilderten und von den Malayen auf ihren Raubzügen nach dem westlichen Neuguinea eingeführt, worauf auch die Sitte der Schmiede von Doreh deutet, daß sie kein Schweinefleisch essen, was sie von den Mohamedanern annahmen. „Ihre Schmiedekunst ist aber nicht groß und besteht

[1] Blätter aus meinem Reisetagebuche. Als Manuskript gedruckt. Leipzig 1883. 275.

hauptsächlich darin, daß sie von eisernen Stangen Hackemesser aibeiten. Auch verstehen sie das Eisen mit Stahl zu vermischen."[1] Danach scheint es, als ob sie bloß Schmiede sind, nicht aber das Metall aus den Erzen ausbringen.

Von besonderem Interesse ist es, daß die Verbreitung der malayischen Art der Eisengewinnung bis auf die Afrika vorgelagerte Insel Madagaskar nachgewiesen werden kann. Sprache und Körperbeschaffenheit der Bewohner Madagaskars deuten auf malayische Abkunft hin; aber das Eisen heißt in der Howasprache *vi*, in den malayischen Idiomen *besi* — dadurch würden wir also keine Aufklärung erhalten, wenn nicht wieder die höchst eigentümlichen Gebläse uns durch ihre Form belehrten, daß sie malayischen Ursprunges wären, während sie von den afrikanischen Schlauchblasebälgen durchaus verschieden sind. Aus diesem Vorkommen der Gebläsepumpe läßt sich aber schließen, daß die Besiedelung Madagaskars erst stattfand, als schon das Eisengewerbe auf den Sundainseln bekannt war. Die Gebläse sind uns hier ein sicherer Führer als die Sprache.

Über die Einzelheiten belehrt uns Ellis. Eisen von vorzüglicher Beschaffenheit kommt in den Centralprovinzen rings um die Hauptstadt vor, wo es nahe an der Oberfläche gefunden wird. Das Ambohimiangavogebirge ist so reich daran, daß es geradezu das „Eisengebirge" heißt. Man hat dort selten mehr als $^1/_2$ m tief zu graben, um auf Eisen zu stoßen.

Die Schmelzöfen der Eingeborenen (Fig. 26), welche sehr roh und primitiv gearbeitet sind, liegen stets in der Nähe eines Stromes. Das gesammelte Erz wird in kleine Stückchen geschlagen und dann durch Waschen von Erde gereinigt. Die Öfen werden 60—80 cm tief in den Boden gegraben und die Seiten mit Steinen ausgelegt, die dann mit Thon überschlagen werden. Auf den Boden wird alsdann Brennstoff gelegt und darüber Erz mit Holzkohle in Wechselschichten. Das Ganze wird oben mit einer dicken Thonlage geschlossen (?). Das Gebläse wird mit zwei Paar Stempeln betrieben, die in hölzernen Cylindern gehen, gewöhnlich sind letztere ausgehöhlte Baumstämme. Vom Boden dieser Cylinder erstrecken sich Röhren aus Bambus oder aus alten Flintenläufen in den Ofen hinein. Nachdem der Inhalt des letzteren eine Zeitlang in Weißglut erhalten, wird er erkalten gelassen, und aufgebrochen findet man

---

[1] G. Windsor Earl, Papuans. London 1853. 76. — van Hasselt in Zeitschrift f. Ethnologie. 1876. 171.

das Eisen in Klumpen am Boden. So oder zu Barren geschmiedet kommt es in den Handel. Der einheimische Schmied errichtet seinen Feuerherd auf dem Flur des Hauses und benutzt dazu die gleichen, nur kleineren Gebläse wie beim Hüttenprozeß. Der eiserne Amboß, 14 cm im Geviert und 14 cm hoch, steckt in einem dicken Holzblocke; Hämmer, Zangen etc. sind von Eisen.[1]

Eine Schließung des Ofens, wie Ellis sie anführt, ist einfach unrichtig; seine Abbildung selbst zeigt ein kleines Rohr, durch welches die Ofengase abziehen; von wo der „Ofen“ beschickt wird, ist weder aus der Abbildung, noch Beschreibung ersichtlich; vermutlich handelt es sich nur um eine einmalige Füllung der Grube.

Fig. 26. Eisenschmelze auf Madagaskar. Nach Ellis.

Kupfer bei den Malayen. Kupfer ist teils gediegen, teils in Erzen auf verschiedenen Inseln des Archipelagus vorhanden. Die Kupferminen von Limun auf Sumatra sind seit sehr alter Zeit betrieben worden, auch kommt es dort und auf Timor gediegen vor, kann daher dort auch in den frühesten Zeiten kalt zu Geräten verarbeitet worden sein. Mit Ausnahme von Sumatra, wo ein einheimischer Name für Kupfer existiert, gilt im ganzen Archipel das aus dem Sanskrit stammende *tambaga (tamra, tamraka* bedeutet dort das dunkle Metall, es ist ein späterer Sanskritname des Kupfers) und hieraus kann man schließen, daß die Kunst, das Kupfer zu schmelzen und zu gießen, eine aus Vorderindien zu den malayischen Völkern gelangte sei.

[1] W. Ellis, Three visits to Madagascar. London 1858. 264.

Fast alle die gegossenen Hindugötzenbilder und andere in Java gefundenen Gegenstände bestehen aus einer Kupfer-Eisenmischung; Waffen und Geräte für den häuslichen Bedarf wurden aber nicht unter den javanischen Altertümern aus Kupfer gefunden. Zinn und Zink kommen in den Mischungen nicht vor, waren auch wohl den alten Javanern unbekannt[1]), was mit der Annahme von einem späteren Bekanntwerden des Zinnes auf Malakka stimmen würde.

Eine ausgedehnte, höchst beachtenswerte Kupferindustrie treffen wir bei einem der nördlichsten malayischen Völker, den auch in der Eisenbereitung erfahrenen Igorroten im Innern der Philippineninsel Luzon. Luzon hat gediegenes Kupfer und sehr beträchtliche Lagerstätten von Kupfererzen bei Mancayan im Districte Lepanto, sowie im Centralgebirge zwischen Cagayan und Ilocos. Die europäischen Unternehmungen auf Kupfer sind hier erfolglos geblieben, dagegen haben die wilden Igorroten, die jenes Gebirge bewohnen, schon seit Jahrhunderten und in verhältnismäßig großer Ausdehnung den Kupferbergbau und die Kupferverhüttung hier betrieben, was um so bemerkenswerter ist, als das Metall in jenen Gegenden fast nur in der Form von Kiesen vorkommt, die auch in Europa nur durch umständliches Verfahren und nicht ohne Zuschlag verwertet werden können.

Nach Jagor, dem wir die Nachrichten über das Kupferhüttenwesen der Igorroten verdanken[2], brachten dieselben in der letzten Zeit jährlich 300 picos (à $63^1/_4$ kg) Kupfer, teils roh, teils verarbeitet, in den Handel. Die Ausdehnung der unterirdischen Erdarbeiten und die bedeutende Menge vorhandener Schlacken weisen auf einen lange bestehenden beträchtlichen Betrieb. Die Kupfergeräte der Igorroten waren jahrhundertelang bei den Spaniern Manilas in Gebrauch, ohne daß diese über den Ursprung genau unterrichtet waren[3]; höchst wahrscheinlich übten die Igorroten schon vor der Ankunft der Spanier die Kunst, aus den Kiesen Kupfer zu gewinnen. Man vermutet, daß Chinesen oder Japanesen ihre Lehrmeister gewesen; jedenfalls aber ist die Thatsache, daß ein wildes, isoliert im Gebirge wohnendes Volk in der Hüttenkunde so weit vorgeschritten ist, von großem Interesse.

Nach den Mitteilungen des von Jagor angeführten Oberingenieurs Santos war das erzführende Gebiet von Mancayan bei den

---

[1] Crawfurd, Malayan Archipelago. III. 491.

[2] F. Jagor, Reisen in den Philippinen. Berlin 1873. 145—149.

[3] Ein von Meyen mitgebrachter und dem Berliner Museum übergebener, getriebener Kupferkessel der Igorroten ist bei Jagor a. a. O. 146 abgebildet.

Igorroten in größere oder kleinere Parzellen, je nach der Volkszahl der anliegenden Dorfschaften, eingeteilt, deren Grenzen eifersüchtig gehütet wurden. Das Besitztum eines jeden Dorfes war wiederum unter bestimmte Familien verteilt, weshalb jene Bergdistrikte noch heute den Anblick von Honigwaben darbieten. Zur Förderung des Erzes bedienten sie sich des Feuersetzens, indem sie an geeigneten Stellen Feuer anzündeten, um durch die Spannkraft des in den Spalten enthaltenen erhitzten Wassers mit Zuhilfenahme eiserner Werkzeuge den Fels zu zerkleinern. Die erste Scheidung des Erzes wurde in dem Stollen selbst vorgenommen, das taube Gestein blieb liegen und höhete den Boden auf, so daß bei späterem Feuersetzen die Flamme der Holzstöße stets die Decke traf. Wegen der Beschaffenheit des Gesteins und der Unvollkommenheiten des Verfahrens fanden häufig sehr bedeutende Einstürze statt. Die Erze wurden in reiche und quarzhaltige geschieden, jene ohne weiteres verschmolzen, diese einer sehr starken und anhaltenden Röstung unterworfen, wobei, nachdem sich ein Teil des Schwefels, Antimons und Arsens verflüchtigt, eine Art Destillation von Schwefelkupfer und Schwefeleisen stattfand, die sich als „Stein“ oder in Kugeln an der Oberfläche des Quarzes festsetzten und zum größten Teil abgelöst werden konnten. Die Öfen oder Schmelzvorrichtungen bestanden aus einer runden Vertiefung in thonigem Boden und hatten 30 cm Durchmesser bei 15 cm Tiefe. Eine damit in Verbindung stehende 30° gegen die Vertiefung geneigte konische Röhre (Düse) von feuerfestem Gestein nahm zwei Bambusrohre auf, die in die unteren Enden zweier ausgehöhlter Fichtenstämme eingepaßt waren. in denen sich zwei an ihrem Umfange mit trockenem Grase oder Federn bekleidete Scheiben abwechselnd auf und ab bewegten und die für das Schmelzen erforderliche Luft zuführten.

Wenn die Igorroten Schwarzkupfer oder gediegenes Kupfer erblasen hatten, so beugten sie dem Verlust (durch Oxydation) vor, indem sie einen Tiegel aus gutem feuerfestem Thon in Gestalt eines Helmes aufsetzten, wodurch es ihnen leichter ward, das Metall in Formen zu gießen, die aus demselben Thone bestanden. Nachdem der Ofen hergerichtet, beschickten sie ihn mit 18—20 kg reichen oder gerösteten Erzes und verfuhren dabei ganz wissenschaftlich, indem sie das Erz stets an der Mündung der Düse, also dem Luftzuge ausgesetzt, die Kohlen aber an den Wänden des Ofens aufgaben, die aus losen, zur Höhe von 50 cm übereinander geschichteten Steinen bestanden. Nachdem das Feuer angezündet und das beschriebene Gebläse in Gang gesetzt war, entwickelten sich dichte gelbe, weiße und orangengelbe, von der teilweisen Verflüchtigung des Schwefels, Arsens und Antimons herrührende Rauchwolken, bis nach Verlauf einer Stunde, sobald sich nur durchsichtige schweflige Säure bildete und die Hitze den höchsten bei diesem Verfahren möglichen Grad erreicht hatte, das Blasen eingestellt und das Produkt herausgenommen wurde. Dies bestand aus einer Schlacke oder vielmehr aus den eingetragenen Erzstücken selbst, die wegen des Kieselgehaltes des Ganggesteines sich bei der Zersetzung des Schwefelmetalles in eine poröse Masse verwandelten (und sich nicht verschlacken und kieselsaure Verbindungen eingehen konnten, weil es sowohl an Basen, als an der erforderlichen Hitze gebrach); ferner aus einem sehr unreinen „Stein“ von 4—5 kg Gewicht und etwa 50—60% Kupfergehalt.

Mehrere solcher „Steine“ wurden zusammen 12—15 Stunden lang in starkem Feuer niedergeschmolzen und dadurch abermals ein großer Teil der genannten drei flüchtigen Körper entfernt. In denselben Ofen stellten sie die schon geglühten „Steine“ aufrecht, und zwar ebenfalls so, daß sie sich im Kontakt mit der Luft, die Kohlen dagegen an den Wänden des Ofens befanden, und erhielten, nachdem sie eine ganze oder halbe Stunde geblasen, als Schlacken ein Silikat von Eisen und Antimon und Spuren von Arsen, einen „Stein“ von 70—75% Kupfergehalt, den sie in sehr dünnen Scheiben abhoben (Konzentrationsstein), indem sie die Abkühlungsflächen benutzten. Im Boden der Vertiefung blieb, jenachdem die Masse mehr oder weniger entschwefelt war, eine größere oder geringere Menge (stets aber unreines) Schwarzkupfer zurück. Die durch diesen zweiten Prozeß gewonnenen Konzentrationssteine wurden abermals geglüht, indem man sie durch Holzschichten trennte, damit sie nicht aneinander schmelzen konnten, bevor sie das Feuer von den Unreinigkeiten befreit hatte. Das bei der zweiten Beschickung erhaltene Schwarzkupfer und die bei eben dieser Operation niedergeschmolzenen Steine wurden in demselben (durch Bruchsteine verengten und mit einem Schmelztiegel versehenen) Ofen einer dritten Operation unterworfen, die eine Schlacke von kieselsaurem Eisen und ein Schwarzkupfer erzeugte, das in Thonformen ausgegossen wurde und in dieser Gestalt in den Handel kam. Dieses Schwarzkupfer enthielt 92—94% Kupfer und war verunreinigt mit einer, durch ihre gelbe Farbe gekennzeichneten Kohlenstoffverbindung desselben Metalls, und das durch langsame Abkühlung an der Oberfläche entstandene Oxyd, das sich stets bildete, trotz der angewandten Vorsichtsmaßregeln, die der Oxydation ausgesetzte Oberfläche mit grünen Zweigen zu peitschen. Wenn das Kupfer zur Anfertigung von Kesseln, Pfeifen und anderem häuslichen Gerät oder Schmuck dienen sollte, die von den Igorroten mit so großer Geschicklichkeit und Geduld ausgeführt werden, so wurde es dem Läuterungsprozeß unterworfen, der sich nur dadurch von dem vorhergehenden unterschied, daß man die Kohlenmenge verringerte und den Luftstrom vermehrte, in dem Maße, als der Schmelzprozeß sich seinem Ende näherte, was die Fortschaffung der Kohlenstoffverbindung durch Oxydation zur Folge hatte.

Zinn bei den Malayen. Bei allen Völkern des Archipelagus wird Zinn mit dem malayischen Worte *timah* benannt, was auf eine gemeinsame Ursprungsquelle hindeutet. Als solche dürfte die hinterindische Halbinsel mit den Inseln, die sich südlich vorlagern, zu betrachten sein. Wie überall, wo Zinnerze gefunden werden, haben dieselben auch hier eine beschränkte geographische Verbreitung, sind aber dafür an dem Orte ihres Vorkommens ungemein häufig.

In Hinterindien kommen die Zinnerze von 10° nördl. Br., also von dem bekannten Isthmus von Krah an[1], bis 3° südl. Br., somit bis zur Insel Billiton, in einem fortlaufenden Zuge vor, in welchem die berühmten Zinnvorkommnisse von Malakka und Bangka liegen. Gerade wie in Europa, in Cornwall, Devonshire, der Bretagne, dem Erzgebirge und dem spanischen Galizien, sind auch auf der hinterindischen Halbinsel die Zinnerze an den Granit gebunden. Gold, sowie Zinn kommen dort ursprünglich in Quarzadern vor, welche zwischen Granit auf der einen und Glimmerschiefer auf der anderen Seite eingebettet sind. Aus diesen Originalstätten sind sie herausgewaschen und in die Alluvionen übergegangen, die sich zu beiden Seiten des Gebirges erstrecken, welches das Rückgrat der malayischen Halbinsel ausmacht.[2]

Über das Alter der Ausbeutung sind wir im Unklaren. Wir haben gesehen, daß Vorderindien im Altertum abendländisches Zinn bezog (S. 60), daß also bis zum ersten Jahrhundert unserer Zeitrechnung, in dem die Alexandriner dieses Metall nach Barygaza brachten, es schwerlich schon in Hinterindien gewonnen wurde, daß es aber keineswegs um jene Zeit Exportgegenstand dieses Landes war. Aber trotzdem zwingt uns das Vorkommen hinterindischer, mit Steingeräten vergesellschafteter Bronzen (siehe unten), ein relativ

[1] Nach Mc Clelland im Journ. Asiat. Soc. of Bengal. 1842. XI. 25.

[2] Daly, The metalliferous formation of the Peninsula. Journ. Straits Branch. Asiat. Soc. II. 194.

hohes Alter für die dortige Zinnproduktion anzunehmen. Zinn, das möge hervorgehoben werden, ist dasjenige Metall, welches am allerleichtesten aus den Erzen reduziert werden kann. Daß der Zufall hier der Lehrmeister gewesen sein könne, ist nicht auszuschließen, wie wir an dem bestimmten Beispiel des Zinnes von Bangka zeigen können. Im Beginn des vorigen Jahrhunderts herrschte über Bangka der Sultan Badur U'din von Palembang (auf Sumatra), unter dessen Regierung die Entdeckung stattfand, welche Kapitän Hamilton[1] folgendermaßen erzählt: „Im Jahre 1710 war ein Sohn des Königs von Pullamban (Palembang) Herrscher (über Bangka), als zufällig ein Feuer in einem Dorfe entstand; als das Feuer gelöscht war, fand man viel geschmolzenes Metall unter dem Schutte und dieses Metall war Zinn. Der Herrscher befahl seinem Volke, etwas in den Boden zu graben, wo sie viel Erz fanden, das er nun mit gutem Vorteil ausbeutete."

So mögen die Anfänge der Zinngewinnung auch an anderen Orten gewesen sein. Indessen fehlen mir alte Nachrichten über das hinterindische Zinn gänzlich und erst im Mittelalter treten bestimmte Zeugnisse über seine Verbreitung im Handel auf. So erwähnt es der arabische Schriftsteller Abu Zeid[2] und ferner der bekannte Al Wardi Casdir. Im Beginne des 16. Jahrhunderts sprechen dann Ludwig Barthema[3] und der abenteuerliche Fernan Mendez Pinto von Malakkas Zinnreichtum.

Die gegenwärtige Darstellung von Zinn ist überall da, wo Malayen die Sache betreiben, noch eine höchst einfache, während anderwärts durch Europäer und Chinesen hüttenmännische Verbesserungen eingeführt wurden. Die berühmten Zinngruben von Malakka liegen bei dem Dorfe Kassang und werden von tausenden von Chinesen bearbeitet. Der Grund ist hier weit und breit aufgerissen, Schächte sind nirgends getrieben. Die zinnführende Schicht *(wash dirt)* liegt 5,5—7 m unter der Oberfläche und soll 1,10 m mächtig sein. Ist eine große Menge des *wash-dirt* zusammengebracht, so wird derselbe mit Schleußen *(by means of sluices)* ausgewaschen. Es erfolgt das Ausschmelzen auf höchst primitive Weise. Öfen aus Thon werden errichtet und vermittels Ruten zusammengebunden. Am Fuße jedes Ofens befinden sich zwei, etwa 5 cm Durchmesser haltende Löcher, durch deren eines das geschmolzene Metall abfließt,

[1] New Account of the East Indies. II. 120. — Crawfurd, History Malay. Archip. III. 451.

[2] Renaudot, Voyage des deux pélérins arabes. Paris 1838.

[3] Ramusio, Viaggi. 1613. I. 166a.

während das andere die Zugluft — ohne künstliche Windzuführung — vermittelt. Das Erz wird einfach mit Holzkohle geschichtet und dann Feuer gegeben. Das durch die kleine Öffnung abtropfende Metall wird in einer Erdhöhlung aufgefangen, dort ausgeschöpft und in Formen gegossen, worauf man es nach Malakka sendet.[1]

Nach Kapitän Burn dagegen werden in den Zinnwerken von Tringanu, Pattani, Dschohor, Lanwan, Lingie, Pahang und auch bei dem oben erwähnten Kassang die bekannten cylinderförmigen malayischen Gebläse angewendet, was auch annehmbar erscheint. Die Holzkohle stammt vom Gomposbaume, die Hochöfen sind 1,5 m hoch und aus Thon geschlagen. Das reduzierte Metall fließt konstant in einen Trog vor dem Ofen ab und wird dort ausgeschöpft und in Sandformen gegossen. Das Ausbringen beträgt, je nach der Güte des Erzes, 45—60 % Zinn.[2]

Die Zinnproduktion von Bangka ist wesentlich in den Händen von Chinesen, die unter europäischem Einflusse allerlei verbesserte Aufbereitungs- und Verhüttungsmethoden eingeführt haben, die uns hier nicht interessieren können.[3] Auf dem ebenso zinnreichen Biliton begann die Ausbeute erst 1851, auch auf den Karimoninseln bei Singapur ist sie neueren Datums.[4]

Neben dem chinesischen Betrieb der Zinngruben auf Bangka fand früher noch ein sehr primitiver der Eingeborenen statt; sie teuften enge cylindrische Schächte ab, gerade groß genug, um eine Person einzulassen. Fanden sie das Zinnerzlager ergiebig, so verfolgten sie mit Lebensgefahr dasselbe unter dem hangenden Alluvium. Da sie die Wässer nicht zu bewältigen verstanden, legten sie ihre Schächte nur an Abhängen an, wo keine Wasseransammlungen stattfinden konnten. Das Ausbringen der gewaschenen Erze war so, wie es weiter oben geschildert wurde.[5]

---

[1] J. Cameron, Our tropical possessions in Malayan India. London 1865. 387.

[2] Kapt. Burn im Catalogue of the Indian Departement (The international exhibition of 1862). 9 unter Nr. 162.

[3] Über die Zinnminen von Bangka vgl. Crawfurd, Indian Archipelago. III. 453—458. Tijdschr. vor Neêrl. Indie 1848. II. 392—419. Sehr ausführliche Schilderung, auch des chinesischen Schmelzverfahrens in Mohnike, Banka und Palembang. Münster 1874. 24—49.

[4] Zeitschr. f. allgem. Erdkunde. I. 134 ff.

[5] Crawfurd a. a. O. III. 458.

## Die Metalle in Hinterindien.

Prähistorisches. Für Hinterindien liegen uns angehende Nachrichten besonders aus dem unter französischer Oberhoheit stehenden Königreiche Kambodja vor. Hier sind die prähistorischen Zeugen einer jüngeren Steinzeit zusammen mit Bronzefunden nachgewiesen und von hier kennen wir auch die Darstellung des Eisens bei den wilden und halbkultivierten Völkern im Innern.

Die ersten prähistorischen Funde in Kambodja, welche dort eine neolithische und eine „Bronzezeit“ darthaten, stammen aus dem Jahre 1879. Sie wurden durch den Marinearzt Dr. Corre in den Muschelhaufen von Som-ron-Sen gemacht und sind seitdem von Dr. Moura und anderen weiter verfolgt worden.[1] Som-ron-sen liegt an den Ufern des Sung Chinit, eines Zuflusses des großen Tonli-Sapsees, und die Muschelhaufen sind namentlich aus Paludina-, Corbicula- und Unioarten gebildet. Die Steingeräte, Beile, Meißel, Kelte, Ringe etc. aus einer Art Amphibol sind poliert und gleichen den verwandten europäischen Instrumenten dieser Art. Mit und zwischen diesen Steingeräten und in denselben Muschelhaufen sind nun auch Bronzegeräte gefunden worden: große Ringe, eine Axt mit Dille, Pfeilspitzen, Angelhaken, Scheiben, alles dieses von ganz verwandtem Charakter wie die europäischen prähistorischen Bronzen. Wie man aber in Europa auch beides, die Geräte aus Stein und diejenigen aus Bronze, oft nebeneinander findet, so ist dieses auch hier der Fall gewesen. Indo-China war bereits im Besitze des Kupfers und der Bronze, als man noch fortfuhr, den Stein zu Geräten zu gestalten und zu polieren.

Von wo die Bronzen kamen und ob sie älter als das Eisen hier in Hinterindien sind, wird nicht gesagt. Doch läßt der bloße Mangel des letzteren in den Muschelhaufen und das Vorhandensein der ersteren noch keineswegs den Schluß zu, daß in Hinterindien die Bronze älter als das Eisen sei. Wie die ganze Kultur der hinterindischen Halbinsel unter dem Einflusse Chinas steht und gestanden ist, so mag auch in früher Zeit aus diesem Lande die Bronze nach Kambodja gekommen sein, wenn es überhaupt nötig

[1] Sur les instruments de l'âge de pierre au Cambodge, par M. Corre. Bullet. soc. d'Anthropol. 1880. 532. — L'âge de la pierre polie et du bronze au Cambodge par J. Naulet. Toulouse 1879 und Revue d'Anthropologie 1882. 676. — Le Cambodge préhistorique par J. Moura. Revue d'ethnographie 1882. 505.

ist, einen Import aus der Fremde anzunehmen. Eisen wird seit „Urzeiten“ in Hinterindien dargestellt.

Eisengewinnung in Kambodja. Über die Darstellung des Eisens bei den wilden Völkern Hinterindiens besitzen wir gleichfalls einen Bericht von J. Moura, der sich auf Kambodja bezieht.[1] „In den ‚Eisenbergen‘ der Provinz Compong-Soai,“ sagt Moura, „kommen zwei Arten Eisenerz vor, welche die wilden Cuois als schweren und leichten Stein bezeichnen. Die erste Sorte ist ergiebiger an Eisen als die zweite, ist aber weniger geschätzt, da das daraus erzielte Produkt unrein und zur Herstellung von Waffen und Geräten wenig geeignet ist. Das leichte Erz ist dagegen von besserer Beschaffenheit. Direkt mit Holzkohle in einem einfachen Schmelzofen behandelt, giebt es eine Art von natürlichem Stahl oder ein Gut, welches die Eigenschaften des Zementstahles besitzt. Es wird von den Eingeborenen zur Herstellung von Beilen, Messern, landwirtschaftlichen Geräten, Feuerstahl und sehr guten Sägen benutzt.“

Dieses „leichte“ Mineral ist ein sehr reiches Eisenoxydul mit 65—70% Metall. Die Gegend, wo die Schmelzen der Cuois stehen, ist außerordentlich waldreich, so daß es an Brennstoff zur Fabrikation nicht fehlt. Wenn sie eine gewisse Menge Erz gewonnen haben, werfen sie dasselbe, um es zu rösten, in ein großes Holzfeuer und zerklopfen es alsdann in nußgroße Stücke. Gleichzeitig brennen sie Holzkohle (wie, wird nicht gesagt) und nun ist alles zum Schmelzen bereit. Die Schilderung des Schmelzofens und seiner Zubehöre lassen wir in der Originalsprache hier folgen:

*„L'appareil employé pour la fusion est des plus simples; il laisse perdre une très grande partie de la chaleur développée et donne comme rendement à peu près la moitié de ce qu'on obtient en Europe avec les hauts-fourneaux perfectionnés. Cet appareil* (Fig. 27) *se compose d'un fourneau en terre glaise de forme parallélipipède, ouvert par le haut. Il est percé au bas des grandes faces latérales d'une série de trous situés sur la même ligne horizontale et dans lesquels on passe des bouts de bambous creux disposés comme les tuyaux de flûte de Pan. Ces tuyaux correspondent, un par un, avec ceux d'une trompe ou machine soufflante placée de chaque côté des grandes faces du fourneau et composée d'un cylindre creux en terre glaise, coiffé d'un cône en cuir faisant office de piston ou de soufflet, que trois hommes aplatissent en*

[1] Fabrication du fer chez les Cuois du Compong-Soai. Revue d'Ethnographie. I. 435 (1882).

*sautant dessus pour refouler l'air, et qui se relève par l'effet de la détente d'un levier en bois flexible relié au sommet du cône à l'aide d'une corde. Ces trois hommes se tiennent debout sur une petite estrade en bois élevée à côté du soufflet; ils sautent sur le cône ou reviennent sur l'estrade, suivant qu'il s'agit de refouler l'air ou de l'aspirer.*"

Fig. 27. Eisenschmelze der Cuois. Nach MOURA.

Nach dieser Schilderung des Gebläses hat dasselbe mit den malayischen Gebläsen, die durch den auf und ab gehenden Stempel charakterisiert werden, keine Ähnlichkeit, was bei der geographischen Lage Kambodjas zu den Malayenländern wohl zu beachten ist und darauf hindeutet, daß den Cuois die Eisenfabrikation nicht aus dem malayischen Kulturkreise überkommen sein kann. Ihre Gebläse sind eher nach dem Prinzipe der indischen hergestellt, die bei Orissa beschrieben wurden; nur sind sie größer. MOURA fährt in seiner Schilderung fort:

*„Lorsque le piston descend, c'est-à-dire lorsque le cône est aplati, l'air est refoulé par les trous du bas du cylindre et passe dans les tuyères du fourneau. Ces tuyaux, ainsi que nous venons de le dire, se correspondent, mais ne se touchent pas, ils sont même distants les uns des autres de plusieurs centimètres. Le fond du fourneau, situé en contre-bas de la ligne des trous, est destiné à recevoir le fer en fusion. On remarque au bas de chacune des petites faces du fourneau un trou que l'on bouche ou que l'on dégage au moyen d'une longue tape en bois. C'est par ces trous, que l'on débouche opportunément, que s'en va, disent les Khmers, le ‚ach-dec' (ordure de fer), c'est à dire le mâchefer, la scorie.“*

Auf jeder Seite des Ofens erheben sich, nach oben zu sich ausdehnend, zwei große Schirme aus geflochtenen Bambuslatten, welche nur dazu dienen, um die an den Gebläsen Arbeitenden vor der Glut zu schützen. Der Ofen steht unter einem großen Schirmdach, in welchem der „Fabrikdirektor“ seine Wohnung hat. Auch steht unter demselben ein kleiner Altar, auf welchem der Götze Visvacarma thront, der göttliche Baumeister, und ein großer, fest in den Boden gefügter Pfahl, dessen Spitze wie ein Feuerbüschel gestaltet ist. Die Verehrung, die ihm gezollt wird, erinnert an den Feuerkultus, dessen Spuren man durch ganz Indo-China findet.

Da wenige Cuois reich genug sind, um für sich allein eine solche Eisenschmelze zu unterhalten, so vereinigt sich zu diesem Zwecke ein ganzes Dorf oder mehrere Dörfer.

Die an den Breitseiten des Ofens angebrachten Löcher liegen hoch genug über dem Boden des Ofens, um nicht durch die im Schmelzen befindliche Masse verstopft zu werden; doch kommt es zuweilen vor, daß man aus ihnen kleine Rundstücke von Eisen herauszieht, welchen der Aberglaube der Eingeborenen ungewöhnliche Eigenschaften zuschreibt. Die Cuois zerschneiden diese Barren und machen daraus Amulette, die sie um den Hals oder am Handgelenk tragen, wodurch sie sich gegen Verwundungen sicher glauben.

Die mit solchem Eisen in Saigon angestellten Versuche haben ergeben, daß es sich gut schweißen und hämmern läßt. Der Bruch ist feinkörnig und zackig. Es ist rein und liefert guten Stahl. Phosphor und Arsenik kommen darin nicht vor.

Die Eisenerzeugung in Birma ist von W. T. Blanford eingehend beschrieben worden. Aus seinem Berichte[1] teilen wir

[1] Bei Percy a. a. O. II. 508.

das Folgende auszugsweise mit. Der Beobachtungsort war Puppa (Paopa), 6½ Miles östlich vom Irawadi, unter 19° 50′ nördl. Br. und 95° 20′ östl. L. v. Gr. Der Prozeß unterscheidet sich wesentlich dadurch von den in Vorderindien angewendeten Methoden, daß kein künstlicher Windstrom benutzt wird. Das Erz besteht aus Brauneisensteinkonkretionen, die in den das Land bedeckenden Kiesen gesammelt und zu haselnußgroßen Stücken zerschlagen werden. Als Brennmaterial dient Holzkohle, besonders von dem schon wiederholt erwähnten Salbaume. Das Holz wird in leidlich konstruierten, mit Erde überdeckten Meilern von 4 m im Quadrat und 2 m Höhe, welche 20—30 Tage schwelen, zu Kohlen gebrannt. „Es ist auffallend, ein so gutes Verkohlungssystem bei einer so rohen Methode der Eisenerzeugung zu finden.“

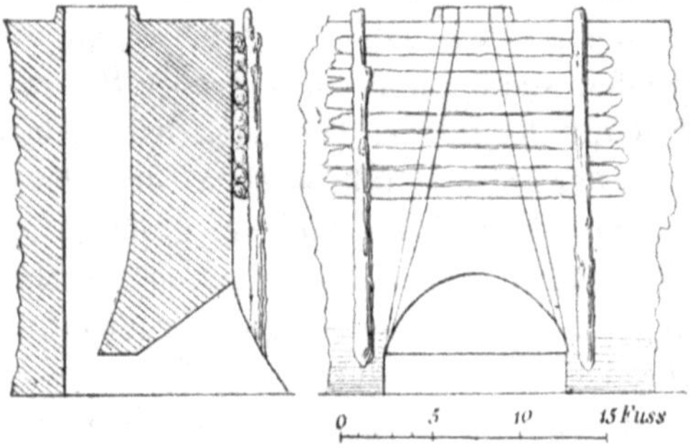

Fig. 28. 29. Eisenschmelzofen aus Birma. Nach BLANFORD.

Ebensowenig wie ein Windstrom wird ein Zuschlag benutzt. Die Beschreibung der Schmelzstätte ist folgende: Ein steiler Abhang sandigen Thonbodens von 3 bis 3,5 m Höhe wird für den Ofen gewählt, welcher, einfach aus einem Loche besonderer Form bestehend, in den Boden 60—80 cm von der oberen Kante entfernt angelegt, während die Böschung hier zu einer vertikalen Fläche verhauen ist. Oft umgeben auch drei oder vier Öfen einen kleinen Schacht. Sie sind etwa 3 m tief und von ungleichem trapezoidalem Querschnitt, da die Breite der Vorderwand von 50 cm an der Gicht auf 1,20 m auf dem Boden, die der Rückwand von 30 cm auf 1,50 m anwächst, während die Tiefe zwischen Vorder- und Rückwand von 50 cm an der Gicht auf etwa 55 cm in halber Höhe wächst und dann schnell bis zu 30 cm am Boden abnimmt. Die Figg. 28 und 29 sind im Maßstabe von 1 : 40 nach BLANFORD's Aufnahme angefertigt. Die Vorderwand des Ofens wird durch kreuzweis angebrachte Holzstücke gehalten, welche ihrerseits wieder durch zwei starke senkrechte Pfähle gestützt werden. Der untere Teil der Vorderwand ist fortgenommen, wie dieses die Durchschnitte zeigen. Die so gebildete Öffnung mündet in den Ofen mit einer Höhe von etwa 30 cm und in der ganzen Breite des inneren Raumes und dient zum Austragen der Schlacke und des fertigen Eisens. Wenn der Ofen im Gange ist, so wird diese Öffnung mit feuchtem Thon verschlossen, in welchem etwa 20 kleine Thonröhren (Formen) eingelegt sind. Diese Röhren werden über runden Holzstämmchen aus feuchtem Thon geformt, dann in Stücke von etwa 10 cm Länge geschnitten und gebrannt. Ihre Durchmesser betragen etwa 5 cm. Sie werden in einer Linie nebeneinander, etwa in halber Höhe der erwähnten Öffnung, angebracht. Ist der Ofen so geschlossen, so wird brennendes Holz hineingeworfen und darauf zwei Schwingen Holzkohle von je 25 Viss (à $1^3/_4$ kg) oder $39^3/_8$ kg geschüttet, dann folgen drei kleine Schwingen von je 10 Viss oder $15^3/_4$ kg. Hierauf kommt wieder eine Schwinge Holzkohlen, dann sechs kleine Schwingen Erz, noch eine Schwinge Holzkohlen, abermals drei Schwingen Erz und schließlich eine fünfte Schwinge Holzkohlen. Ist das Ganze gut durchgebrannt und der die untere Öffnung füllende Thon ganz und gar getrocknet, was etwa acht oder neun Stunden nach Anfang der Fall ist, so wird der den Herd des Ofens bildende Sand fortgekratzt und ein Loch von etwa 10 cm Höhe und in der Breite des Ofens gemacht, um die Schlacke zu entfernen. Hierauf schließt man dieses Loch wieder und öffnet es alle halbe Stunden und wenn nötig häufiger, bis keine Schlacke mehr erfolgt. Nach 24 Stunden ist das Schmelzen vollendet. Jetzt wird der Thon aus der unteren Ofenöffnung ganz fortgebrochen und die Eisenmasse entfernt. Sie hat die Form des Herdes, 1,10—1,40 m Länge, aber geringe Breite, wiegt durchschnittlich 25 Viss, also etwa 40 kg. Das Eisen ist außerordentlich unrein, mit Schlacke, Stücken unverbrannter Kohle, Sand und anderen Unreinigkeiten vermischt, wird aber nichtsdestoweniger für etwa 14 Mark pr. 150 kg verkauft. Zu Messern u. dgl. verarbeitet, zeigt dieses Eisen ausgezeichnete Eigenschaften. Drei Arbeiter bedienen den Ofen. Dem Ende jeder Charge folgt sogleich eine neue, so daß gewöhnlich alle Tage ein Eisenstück gewonnen wird.

---

## Die Metalle in China und Japan.

Alter der Bronze und des Eisens in China. So früh und hochentwickelt uns auch bei den Chinesen die Kenntnis der Metalle entgegentritt, hat dieses Volk doch keine Ausnahme gemacht und gleich allen anderen Völkern eine Steinzeit gekannt, ja es scheint, als ob in einigen Provinzen in verhältnismäßig neuer Zeit noch Steingeräte im Gebrauche waren. Mit Bezug auf Nan-hiu-fu in der Provinz Kwan-tung im südlichen China heißt es: „Sie finden in den Bergen und Felsen der Umgebung einen schweren Stein, so hart, daß sie Beile und schneidende Instrumente aus demselben machen.“[1] Man muß sich erinnern, daß China nicht von einer homogenen Rasse bewohnt wird, sondern daß namentlich im Süden und Südwesten noch verschiedene kleinere und auf tieferer Kulturstufe stehende Völker (wie z. B. die Miaotse) eingesprenkelt sind, welche dort als Aboriginer gelten. Unter diesen können die Steingeräte am längsten im Gebrauche gewesen sein. Außerdem sprechen chinesische Traditionen von dem früheren Gebrauche der Steinwaffen und Instrumente. Fuhi, so sagen sie, machte Waffen; diese waren von Holz. Dann kam Schinnung, der solche aus Stein machte, und endlich Tschi-yu, der metallene darstellte.[2]

Fig. 30. Chinesische Ting-Urne aus der Shang-Dynastie. Nach v. Richthofen.

Was die Bronze betrifft, so tritt dieselbe uns in ihren frühesten, an sich uralten Formen bereits so hoch entwickelt entgegen, daß ihr ein sehr hohes Alter zugeschrieben werden muß. Neben schriftlichen Aufzeichnungen sind Bronzegeräte die kostbarsten Reliquien des hohen Altertums und unter diesen besonders die Ting, Urnen mit drei Füßen und zwei Henkeln. „Die alte Bronzeindustrie,“ sagt v. Richthofen[3], „blühte insbesondere während zweier Perioden, nämlich in den ersten Jahrhunderten der Shang- und unter den ersten Kaisern der Tschóu-Dynastie (1766—1496 und 1100—900 v. Chr.), soweit man die auf vielen derselben befindlichen Inschriften zu entziffern vermocht hat.“ Die Gegenstände sind ausschließlich

[1] Grosier, De la Chine. Paris 1818. I. 191.
[2] Goguet, III. 331 citiert bei Tylor, Eearly history of mankind. 208.
[3] China. I. 369 ff.

Gefäße, niemals tierische oder menschliche Darstellungen für sich allein. Doch sind phantastische Anklänge an menschliche Gesichtsbildung und an Tiergestalten in der Ornamentik deutlich zu erkennen, wenn auch ein großer Teil der letzteren aus Linienkombinationen hervorgeht. Die erstere Art der Verzierung herrscht neben der zweiten in den Shang-Vasen (Fig. 30), während in denjenigen der Tschóu-Dynastie (Fig. 30a) die letztere Form bedeutend vorwaltet. Die ergiebigste Fundstelle der alten Bronzen ist der Löß des Wéithales, wo man sie bei Erdarbeiten findet. Sie sind mit einer dicken Schicht von Grünspan durchdrungenem und dadurch gehärtetem Löß umgeben und haben die Gestalt unförmlicher Lehmklumpen.

Fig. 30a. Chinesisches Gefäß aus der Tschóu-Dynastie. Nach v. RICHTHOFEN.

Der Wert richtet sich nach dem Alter, der Art der Ornamentik, der Deutlichkeit und Länge der Inschrift. Zuweilen findet man auch goldene Gefäße. Bis hinauf in die Zeit der Shang-Dynastie hat man das Alter einer größeren Zahl von Gefäßen mit Sicherheit feststellen können. Weiter zurück wagt man in der Bestimmung nicht zu gehen, wiewohl bei einigen Gefäßen ein noch höheres Alter vermutet wird.

Nicht nur nach der Seite der Ornamentik hin stand die Bronzeindustrie zur Zeit jener alten Herrscher schon auf einer sehr hohen Stufe, auch auf die Zusammensetzung derselben wurde, je nach der verschiedenen Art des Gebrauches, große Aufmerksamkeit verwendet. Zur Zeit der Tschóu-Dynastie gab es sechs Mischungsverhältnisse für Bronze, welche in folgender Weise verwendet wurden: 5 Teile Kupfer und 1 Teil Zinn für Glocken und Kessel; 4 Kupfer und 1 Zinn für große und kleine Beile; 3 Kupfer und 1 Zinn für Lanzen und Piken; 2 Kupfer und 1 Zinn für große Messer und Säbel; 4 Kupfer und 1 Zinn (wahrscheinlich 3 Zinn) für Messer zum Schreiben auf Bambus und Pfeilspitzen; 1 Kupfer und 1 Zinn für Metallspiegel.[1] Diese also um das Jahr 1000 v. Chr. geltenden Verhältnisse der Bronzelegierung sind deshalb von Interesse, weil sich unter ihnen kein einziges findet, welches unserer eigentlichen Bronze (9 Kupfer und 1 Zinn) entspricht und weil schon hieraus die Selbständigkeit des chinesischen Bronzereiches erhellt, was sich auch dadurch schließen ließ, daß die chinesische Kultur eine selbständig erwachsene, von außen her in keiner Weise beeinflußte von Anfang an gewesen ist.

Für die Priorität der Bronze in China gegenüber dem Eisen hat sich Pfitzmayer ausgesprochen. „In den ältesten chinesischen Werken," sagt er, „giebt es kein Wort für Bronze, da dieser Gegenstand durch das allgemeine Wort *kin*, Metall, bezeichnet wird. *Thie*, Eisen, kommt das erste Mal in dem Schu-king, Tribut des Yü (etwa 2200 v. Chr.) vor. Es findet sich unter den Gegenständen des Tributs einer einzigen Gegend; man hält es für weiches Eisen, über dessen Verwendung nichts angegeben wird, während von dem harten Eisen gesagt wird, daß es zu Meißeln dient und nützlicher als Silber ist. „Daß das Eisen," fährt Pfitzmayer fort, „in ältester Zeit zu Waffen oder Geräten verwendet wurde, ist mir nicht bekannt geworden. Es scheint wie bei Homer zu sein, wo Eisen zwar erwähnt wird, aber fast alle in dem trojanischen Kriege gebrauchten Waffen als kupferne (eherne) bezeichnet werden. Im Jahre 475 v. Chr. schenkte Fu-tscha, König von U, seinem Minister U-tse-tsin ein Schwert von Stahl und hieß ihn damit sich den Hals abschneiden. Chinesische Nachrichten besagen: Im Altertum verfertigte man die Waffen aus Kupfer. Zu den Zeiten des Thsin (drittes Jahrhundert v. Chr.) ersetzte man das Kupfer durch Eisen. Alles zusammen genommen kann ich für vollkommen gewiß halten, daß in China der Gebrauch des Kupfers oder der Bronze demjenigen des Eisens vorangegangen ist."[2]

Jedenfalls wird in der älteren chinesischen Litteratur das Eisen, neben Zinn und Kupfer, als durchaus bekanntes Metall

[1] v. Richthofen a. a. O. I. 373.

[2] Mitteil. der Anthropol. Ges. in Wien. IX. 218.

erwähnt. Was alte Eisenfunde betrifft, so ist mir darüber nichts bekannt geworden. Doch möge hier der Bericht des englischen Konsuls MARKHAM über einen alten chinesischen Eisenbau stehen, den wir mit möglichst kritischen Augen zu lesen bitten.

MARKHAM, welcher von Tschifu aus die Provinz Shantung bereiste, erzählt bei seinem Besuche der Stadt Tai-ngan-fu folgendes: *"Outside the west gate of the city is a cast-iron pagoda in the midst of the ruins of a temple. I was told this pagoda was erected in honor of the empress Min, wife of the emperor Seang, 5th of the Hea Dynasty B. C. 2146, by a succeding emperor Shao-kang B. C. 2074. It is a curious old structure, 40 feet in height, and apparently one solid piece."* [1]

Es ist diese 11 m hohe Pagode, wenn sie wirklich aus einem Stück Gußeisen besteht, eine großartige Leistung der Technik, und würde sich das hohe Alter, welches MARKHAM angegeben, bestätigen, so repräsentierte dieser Bau mit der in der großen ägyptischen Pyramide gefundenen Klinge das älteste bekannte Eisen! Mag auch die Pagode vielleicht aus mehreren Teilen zusammengesetzt sein und ihr Alter nicht so hoch hinaufreichen, wie dem englischen Konsul angegeben wurde, so wird sie immerhin als ein uralter Zeuge der chinesischen Metallindustrie dastehen. Wer die alten chinesischen Metallarbeiten, wie sie zahlreich in unseren Museen sich befinden, betrachtet, der erhält sofort den Eindruck, daß dieses Volk in der Metallurgie uns bis zum vorigen Jahrhundert ebenbürtig oder überlegen war. Sie trieben Bergbau auf Eisen, Gold, Silber, Kupfer, Zinn, Blei und Zink. Letzteres wurde metallisch weit früher in China als in Europa gewonnen und gegen Ende des 16. Jahrhunderts von dort zu uns eingeführt.

Chinesische Eisenindustrie. China hat noch gegenwärtig, wiewohl ihm das Abendland vielfach Eisenwaren sendet, eine noch sehr ausgebreitete und alte Eisenindustrie, die bei dem Reichtum an Eisenerzen und Steinkohlen sich ganz naturgemäß entwickelt hat. Sie ist eigentümlich durch und durch, wie fast alles chinesische, und entbehrt bei der Herstellung des Rohmateriales der Öfen, benutzt vielmehr dazu Schmelztiegel, wie aus den im nachstehenden reproduzierten Beschreibungen v. RICHTHOFEN's hervorgeht, der namentlich die Eisenwerke der Provinz Schansi studiert hat.

[1] J. MARKHAM, Notes on a journey through Shantung. Journ. R. Geogr. Soc. vol. 40. 217 (1870).

Schansi produziert ungefähr jährlich 1 700 000 Tonnen Steinkohlen, die hier schon vor Jahrtausenden im großen Maßstabe gewonnen wurden. Die mächtigen Kohlenfelder dieser Provinz erhalten einen besonderen Wert durch die sie begleitenden ausgezeichneten Eisenerze, welche man früh mit Steinkohlen verhüttete. Seit alter Zeit ist der größere Teil von China von dieser Provinz aus mit Roheisen und Schmiedeeisen versorgt worden und die Nachbarprovinzen bezogen von ihr einen Teil ihres Bedarfes an Gußwaren. In den Handel kommt das Eisen von Schansi unter dem Namen Pingeisen und Lueisen. Die jährliche Produktion an Roh-, Schmiede- und Gußeisen schätzt v. RICHTHOFEN auf ungefähr 160 000 Tonnen im Gesamtwert von 18 Millionen Mark. Diese Produktion ist auf einige Plätze beschränkt, welche reiche Erze und gute Verkehrswege besitzen, wo auch das Eisengewerbe von altersher festen Fuß faßte. Gegenwärtig beschränkt sich diese Industrie in Schansi auf das Verbreitungsgebiet des Anthracits, welcher für die chinesische Schmelzmethode sich geeigneter erweist als Coaks.[1]

Bei dem volkreichen Städtchen Tai-yang ist die Oberfläche des Dolomits voll von regellosen Aushöhlungen und in diesen finden sich die Eisenerze angehäuft, ein Gemenge von Brauneisenstein, Roteisenstein, Thoneisenstein und Spateisenstein. „Wohl hundert Millionen Menschen mögen, ehe der europäische Import störend eingriff, ihren Bedarf an Eisen aus dem Gebiet des Kreises Föng-tai-hsiën (zu dem der Ort gehört) bezogen haben.“ Dafür zeugen denn auch die imponirenden, gigantischen Haufwerke zerschlagener, verbrauchter Schmelztiegel.

Die Eisenerze werden meist in Tagbauen gewonnen und auch der Anthracit ist leicht zugängig, so daß für die Gewinnung des Lueisens sehr günstige Bedingungen vorliegen. „Die Schmelzung geschieht in einer großen Zahl kleiner Werkstätten. Ein ausgeebneter und ein wenig geneigter Platz von 2,25 m Länge und 1,40 m Breite ist wie eine Tenne ausgestampft. An den beiden Langseiten wird er von Lehmmauern begrenzt. Die vordere Seite, nach welcher die Fläche sich senkt, ist offen, während die vierte durch die Lehmwand einer kleinen Hütte geschlossen ist, in welcher sich der von zwei bis vier Mann getriebene Blasebalg befindet. (Letzterer ist nicht näher geschildert.) Der Boden ist mit faustgroßen Stücken von Anthracit belegt. Darauf stellt man ungefähr 150 Schmelztiegel von feuerfestem Thon, welche 35 cm hoch sind und oben 15 cm

[1] v. RICHTHOFEN, China. II. 477.

Durchmesser haben. Die Tiegel werden mit einem Gemenge gefüllt, das in folgender Weise bereitet wird. Das Erz wird mit der Hand klein geschlagen und das gröbere durch ein Sieb abgeschieden. Das feine wird mit Grubenklein von Anthracit und kleinen Stücken eisenreicher Schlacken vermengt. Dies wird nun in den Tiegel geschüttet. Den Raum zwischen den Tiegeln füllt man sorgfältig mit Anthracit aus und zuletzt breitet man eine Lage des letzteren über die Tiegelschicht aus. Darauf stellt man dann eine zweite Schicht von 150 angefüllten Tiegeln, die auch mit Kohle bedeckt wird. Obenauf werden alte, unbrauchbare Tiegel gelegt und ebenso wird vorn eine Wand von horizontal liegenden alten Tiegeln aufgesetzt. Nun wird Feuer gemacht und Luft eingeblasen. Sobald die Hitze groß genug ist, hört man auf zu blasen, da die frei hindurchstreifende Luft hinreichend ist, die Glut zu erhalten. Die weitere Behandlung richtet sich danach, ob das Metall zur Bereitung von Gußware oder von Schmiedeeisen dienen soll. Für den ersteren Zweck werden die Tiegel aus der Glut genommen und der flüssige Inhalt auf eine ebene Fläche ausgegossen. Man erhält dadurch ein weißes sprödes Eisen in dünnen Scheiben. Will man Schmiedeeisen haben, so läßt man den Haufen durch vier Tage langsam abkühlen. Die Tiegel werden dann zerschlagen; an ihrem Boden befindet sich das Eisen in halbkugeligen Stücken. Der Preis des so dargestellten Eisens von beiden Arten ist etwas über drei Mark pro 50 kg.

Ein anderer berühmter Ort Schansis für Eisenindustrie ist Nantsun, wo Gießereien, Nagelschmiede, Frischfeuer, Drahtziehereien bestehen. Um Gußwaren herzustellen, verfährt man gerade so wie bei der Bereitung des Roheisens, die plattenförmigen Stücken des letzteren werden zerschlagen und mit Anthracit und Frischschlacken gemengt, in Tiegel gefüllt, die in zwei Reihen von je 150 übereinander gestellt werden. Ist alles in Glut, so faßt man die Tiegel mit eisernen Zangen und gießt ihren Inhalt in Formen. Vorwaltend verfertigt man große eiserne Kessel von 0,50—1 m Durchmesser und 15—30 cm Tiefe, die sich durch Dünne des Metalls und Haltbarkeit auszeichnen. Außerdem wird eine große Anzahl anderer Gegenstände für Haushalt und Landwirtschaft hergestellt. Man wendet für sie je nach den Anforderungen an die Eigenschaften des Eisens verschiedene Mischungen und Methoden an. Diese sind das lange vererbte Geheimnis der einzelnen Fabriken. Die Darstellung des Schmiedeeisens konnte v. Richthofen nicht sehen; es wird dazu nur das langsam gekühlte Roheisen verwendet. Das

Produkt ist so vorzüglich, daß die Chinesen es bei gleichem Preise dem importierten europäischen vorziehen. Drahtzieherei und Nagelschmieden ist Hausindustrie. Die Eisenindustrie von Nantsun muß sehr alt sein. Denn das Thal ist voll von sehr großen Schlackenhalden, zwischen denen die Straße oft mehrere Li (à 556 m) weit hindurchführt.

Ein dritter wichtiger Eisenindustrieplatz in Schansi ist Shwo-fang-tsun, wo alle Materialien billig zur Hand sind und das Terrain sich in bester Weise für die Anlage der Eisenwerke eignet. Das Erz, ein Gemenge von Brauneisenstein und Spateisenstein wird in kleinen Gruben gewonnen; einige werden durch Tagebau betrieben, in anderen erreicht man das Erz durch einen kurzen Stollen und nicht selten sind Schachte 6—9 m tief gesenkt. Der Bauer gräbt das Erz auf seinem eigenen Felde und verkauft es an eines der zahlreichen Schmelzwerke. Die Hüttenwerke, nach Art der oben beschriebenen eingerichtet, sind in Lösterrassen angelegt; nur stellt man die Tiegel in 30 Reihen von je 11 Stück, die 60 cm hoch sind und beinahe 15 cm Durchmesser haben. Die Beschickung und Schmelzmethode sind wie oben angegeben.[1]

Bei Lang-tiën in der Provinz Honan wurde in früherer Zeit Eisen geschmolzen, wie die Überreste der Schmelzwerke und die erstaunlich großen Schlackenhalden beweisen. Sie sollen aus der Zeit der Ming-Dynastie (14.—17. Jahrhundert) stammen. Jetzt verstehen die Einwohner die Kunst des Schmelzens nicht mehr.[2]

Prähistorisches aus Japan. Die prähistorischen Verhältnisse Japans zeigen in vielen Beziehungen überraschende Ähnlichkeit mit den unsrigen. Hat man auch noch keine Pfahlbauten entdeckt, so sind doch Tumuli, Steingräber, Kjökkenmöddings, zugehauene und polierte Steine, Bronzen und Thongefäße gefunden worden; auch fehlen Knochen- und Horngeräte nicht. Die Funde werden meist in den Küstenprovinzen, sowie auf den Inseln, selbst den Liukiu- und Bonininseln, gemacht und zeigen auch in ihren Formen eine überraschende Ähnlichkeit mit unseren europäischen Geräten und Waffen. Besondere Aufmerksamkeit haben in der letzten Zeit die Muschelhaufen von Omori an der Bucht von Jedo erregt, die vielfach untersucht sind und über die wir schon eine eigene Litteratur besitzen. Hier sind die rohesten, behauenen Formen der Steingeräte vertreten und Metallbeigaben fehlen. Man schreibt diese Funde der japanischen Urbevölkerung, den Ebisu,

---

[1] v. Richthofen, China II. 411. 412. 436. [2] A. a. O. II. 500.

zu, Vorfahren der heutigen Ainos, welche nach dem Norden zurückgedrängt wurden. Dafür spricht die Ornamentierung der Thonscherben und Thongefäße in den Muschelhaufen, welche nach MILNE *is very like that of the modern Aino.* Eine zweite Gruppe von Funden zeigt nach HEINRICH VON SIEBOLD weit höhere Formen. Das verwendete Gestein kommt in Japan gar nicht oder nur spärlich vor, um so häufiger aber auf den malayischen Inseln, in Korea und China. Die Stücke sind meist poliert, oft auch verziert und werden in Gemeinschaft mit Bronze angetroffen. Man nimmt an, daß sie von Djimo-tenno herrührten, dessen Krieger Waffen aus Stein und Bronze führten und der die Aino besiegte und nach Norden drängte.[1] Das alles erscheint wie Ausläufer der chinesischen Kultur.

Bereits der ältere v. SIEBOLD hatte uns in seinem klassischen Werke über Japan mit jenen alten Steingeräten bekannt gemacht und auf deren Übereinstimmung mit den europäischen Pfeilspitzen etc. hingewiesen. Nach den japanischen Traditionen fielen die alten Steinwaffen vom Himmel, wenn ein wütendes Heer von Geistern in Sturm und Hagel dahinbrauste. Nachdem der Himmel wieder klar geworden, zogen die Leute aufs Feld und fanden dort die Waffen und Geräte, welche schon vor Zeiten in Raritätenkabinetten aufbewahrt wurden und als *Rai fu seki,* Donnerkeile, bekannt waren, wie die gleichen Steinbeile in Europa und anderwärts, von denen derselbe Aberglaube herrscht. In den Tempeln wurden die ausgegrabenen Steinobjekte als Überbleibsel der *Kami,* der Geister, von denen die Japanesen abzustammen glauben, aufbewahrt.[2] Was Symmetrie und Politur betrifft, sind diese japanischen Steingeräte noch vollkommener, als die schönsten neolithischen Exemplare Europas.

Heutige Metallurgie der Japaner. Wie bekannt, sind Bergbau und Hüttenwesen heute in Japan hochentwickelt und in einzelnen Zweigen der Metalltechnik ist das merkwürdige Volk des Sonnenaufganglandes uns Europäern entschieden voraus. Zur Vervollständigung unserer Angaben möge hier noch ein kurzer Bericht über das japanische Montanwesen Platz finden, nach den Mitteilungen, welche GÜMBEL gelegentlich der Weltausstellung in Phila-

[1] v. SIEBOLD in Verhandl. Berlin. Anthropol. Ges. 1878. 429. — MORSE, Traces of an early race in Japan. New-York 1879. — J. MILNE, The stone age in Japan. Journ. Anthropol. Inst. X. 389.

[2] PH. FR. v. SIEBOLD, Nippon, Archiv zur Beschreibung von Japan. II. 45 ff. Taf. 11—13.

delphia gegeben hat.[1] Danach war zu Ende des achten Jahrhunderts der Bergbau in Japan schon lebhaft im Betriebe, wie dieses auch durch zahlreiche auflässige alte Baue bewiesen wird. Man trieb Stollen, einen unter dem anderen, so weit es Wetter und Wasserzudrang gestatteten; die Wasserhebungsvorrichtungen waren aber stets unvollkommen. Die Stollen sind oft von so geringer Höhe, daß sie nur von Jungen befahren werden konnten, die das zu fördernde Material in Säcken zu Tage brachten. Die Fahrten bestehen aus einfachen Baumstämmen mit eingeschnittenen Stufen. In der Gesteinsarbeit bediente man sich der einfachsten Gezähe: Keilhammer, Schaufel, Hammer und Meißel; zur Wasserhaltung benutzte man kleine hölzerne Handpumpen und Kübel. Die Ventilierung war eine vorgeschrittenere, indem man, um die Luftcirkulation herzustellen, die in verschiedener Höhe angelegten Stollen vertikal verband und auch Wetterlutten anlegte, die, aus hölzernen Dielen hergestellt, durch die Stollen geführt wurden. Späne oder Lampen mit Fischöl und Docht aus Binsen dienten zur Beleuchtung.

Uns interessieren hier die alten einheimischen metallurgischen Prozesse, welche neuerdings den europäischen Methoden weichen müssen. Aufbereitung und Herstellung der Edelmetalle war sehr einfach. Die Erze wurden zuerst von Weibern auf der Grube zerschlagen, sortiert und die haltigen Stücke zur Hütte gebracht, hier das Erz weiter mit Hämmern auf geneigten Steinplatten in Pulverform verwandelt und geschlämmt, wohl auch durch Handmühlen verfeinert und verwaschen. Die erhaltenen Goldteilchen schmilzt man in kleinen Schmelztiegeln auf offenem Holzkohlenfeuer, dessen Intensität durch Handblasebälge verstärkt wird. Beim Silber bediente man sich bisher der Schmelz- und Abtreibemethode, wie in anderen Ländern, während man zur Scheidung von Gold und Silber das Zusammenschmelzen mit Schwefel in Anwendung brachte.

Zur Darstellung von Gußeisen und Stahl bediente man sich bis in die neueste Zeit ausschließlich des Magneteisens in Form kompakter Massen oder von Sand, wie dieses Mineral im Gneis, granathaltigem Diorit und Hornblendegestein reichlich vorzukommen pflegt. Besonders reich an solchen Erzen ist die Provinz Rikuckiu, wo zu Heigori die erzführenden Lagerzüge sich meilenweit fortsetzen. Ähnliche Lager finden sich auch im kalkigen Schiefer der Provinz Iwaki. Der Gehalt der Erze beträgt durchschnittlich 62 bis 65 %. Eisenglanz und Brauneisensteine wurden nicht benutzt.

---

[1] Das Ausland. Nr. 37. 1877.

Diese Magneteisenerze werden nach der alten Methode in kleinen Öfen von rektangulärem Querschnitt nach Art der Stücköfen von 3,5—4,5 m Höhe verschmolzen. Zum Ofenbau benutzt man feuerfesten Thon, den man für die Herstellung des Herdes mit Holzkohlenpulver vermengt. Als Gebläse dienen hölzerne, mit der Hand in Bewegung gesetzte gewöhnliche Blasebälge oder auch ganz eigentümlich konstruierte, aus zwei liegenden cylindrischen Sektoren bestehende blasebalgähnliche Maschinen, in welchen durch eine oszillierende Auf- und Niederbewegung zweier an einer Achse befestigter Bretter ein Luftstrom erzeugt wird. Ventile regulieren das Aus- und Einströmen der Luft, während die Bewegung durch das Herüber- und Hinübertreten von zwei oder drei Menschen bewirkt wird.

Wendet man Magneteisen in Sandform an, so stellt man eine Grube von 3,5—4,5 m Weite und 3 m Tiefe im Boden her, füllt diese lagerweise mit Holzkohlenstaub und feuerfestem Thon, den man durch Entzünden der Kohle brennt und härtet, um auf diese Weise den Unterbau zu gewinnen, auf dem man den eigentlichen Ofen an der Basis $2^3/_4$ m auf $1^1/_2$ m breit und 1 m hoch mit einem keilförmigen Hohlraume errichtet. Beim Beginne des Schmelzens wird der Ofen mit Holzkohle gefüllt, das Gebläse angelassen und sobald die Füllung sich setzt, nach etwa zwölf Stunden, Magneteisensand gegen 3750 kg und gleichviel Kohle nachgefüllt. Der Schmelzprozeß dauert zwei Tage und drei Nächte und man erzeugt gegen 45% Roheisen und 1% Stahl, der, nachdem das Eisen abgelassen ist, als eine an den Wänden hängenbleibende Luppe herausgenommen wird. Die ganze Manipulation, vom Ofenbau bis zum Wegbringen des Produktes, nimmt acht Tage in Anspruch.

Zinnerze kommen in Satsuma, Suwo und Bingo vor; die Zinnproduktion ist aber nicht bedeutend. Das Kupfer, so heißt es bei GÜMBEL, sei in Japan zuerst im Jahre 684 unserer Zeitrechnung entdeckt worden, was jedenfalls zu spät angesetzt ist. Die Art seiner Darstellung ist ähnlich wie in Europa. Bekannt sind die vielen schönen farbigen Legierungen, zu denen man es benutzt.

Da die Bronzen, welche mit Steingeräten zusammen in Japan gefunden werden, im strengsten Sinne prähistorisch sind, so muß das Kupfer auch zu jener Zeit in Japan bekannt gewesen und nicht erst vor 1200 Jahren entdeckt worden sein. Zur Zeit, als unser Landsmann E. KÄMPFER (1690) Japan bereiste[1], war Kupfer

[1] Geschichte und Beschreibung von Japan. Lemgo 1777.

das gewöhnlichste unter allen Metallen des Landes. Messing war aber selten und teurer als Kupfer, da man das hierzu nötige Galmei aus Tonkin beziehen mußte. Eisen aber war, was uns interessiert, mit Kupfer im gleichen Preise und eiserne Werkzeuge waren teurer als solche aus Kupfer oder Messing. Nägel, Klammern, Haken, welche anderwärts aus Eisen hergestellt wurden, machte man zu Kämpfer's Zeit aus Kupfer. Sehr feines Zinn wurde damals in der Provinz Bongo gewonnen, aber wenig gebraucht. Bronze wird von Kämpfer nicht erwähnt, wiewohl man sie vortrefflich zu bereiten wußte und daraus die herrlichsten kunstgewerblichen Gegenstände herstellte. Mag man auch eine „Kupferzeit" in Japan annehmen, eine „Bronzeperiode" in dem Sinne, daß die Bronze das Material zur Herstellung der gewöhnlichen Gebrauchsgegenstände war, hat es in Japan nicht gegeben.

China sowohl als Japan zeigen die Metalltechnik seit der ältesten Zeit und unabhängig vom Abendlande. Sie bilden ein abgeschlossenes Reich für sich, von dem aber, bei geographischem Zusammenhange ganz naturgemäß, Ausstrahlungen nach Nordwest und Norden, zu türkischen, finnischen und hyperboräischen Völkern stattfinden mußten.

## Die Metalle im Norden Asiens.

Das Eisen bei den sibirischen Völkerschaften. Als die Russen über den Ural gingen und im 17. Jahrhundert erobernd Sibirien durchzogen, trafen sie neben den Gerätschaften und Waffen aus Stein und Knochen bei den dortigen Stämmen wenige eiserne Werkzeuge, die auf dem Handelswege dorthin gelangt waren, jedoch nur einzelne Völker, welche mit der Darstellung und Bearbeitung des Eisens vertraut waren.

Daß die Ostjaken bei der Ankunft der Russen Eisen schmolzen und Schmiedearbeiten ausführten, erwähnt J. G. Müller[1], doch ist diese Kunst jetzt bei ihnen verloren gegangen, wie Poljakow angiebt[2], wohl infolge der russischen Eiseneinfuhr. Die Tataren am Tom wurden von den Russen bei ihrem Vordringen nach Sibirien

[1] Sammlung Russischer Geschichte. St. Petersburg 1763. VIII. 101. 188.
[2] Archiv f. Anthropol. XI. 323.

als Kusnezi (Schmiede) bezeichnet, „weil in ihrer Gegend viel Eisenerz fällt, woraus sie Eisen schmelzen und dasselbe zum Haus- und Jagdgebrauche verarbeiteten“.[1]

Auf das eisenkundigste sibirische Volk trafen die Russen aber erst, als sie bis zur Lena vorgedrungen waren. Hier saßen die Jakuten, türkischen Stammes, welche Waffen, wie Messer, Beile, Lanzen, Pfeile, Streitäxte und Kurjaks, d. h. Lederpanzer mit kleinen eisernen Platten benäht, Helme etc., verfertigten. Von den Jakuten lernten ihre nächsten Nachbarn, die Tungusen und Lamuten, den Gebrauch des Eisens kennen, denn bereits 1652 trafen die Russen die Lamuten an der Ochota mit ganz gleichen Waffen wie die Jakuten versehen.[2]

Trotzdem in Sibirien russische Eisenwaren den Markt behaupten, bereiten die Jakuten noch jetzt in der primitivsten Weise ihr Eisen selbst aus den Erzen. Das Eisenerz gewinnt man in zwei jakutischen Bezirken, dem Chatschikat- und dem Schemkonbezirke. Im erstgenannten, am Flusse Botama, werden in Darkylach, Schestakowsk und Kürtägija jährlich über 25 000 kg, im Schamkonbezirke, am Bache Lütäga, über 3500 kg Eisen gewonnen (zu v. Middendorff's Zeit). Als Blasebälge dienen beim Ausbringen zwei lederne Butterschläuche. Ein solcher „Simirj“ wird aus halbgegerbten, geräucherten Fellen zusammengenäht und ist sackartig geformt. Die obere Öffnung „wird durch zwei Stöcke geschlossen, gleich einem Portemonnaie“. Dieser Verschluß ist so luftdicht, daß es genügt, eine Röhre (am unteren Ende) einzufügen, zwei Säcke nebeneinander zu stellen und durch abwechselndes Ausdrücken der Luft einen Blasebalg zu ersetzen. Beim Emporziehen des Sackes wird momentan die Mundöffnung gelüftet.[3] Es ist dieses also dieselbe Art von Blasebalg, wie wir sie bei den Zigeunern, in Indien und teilweise in Afrika kennen gelernt haben.[4] Näheres über die Eisendarstellung giebt unsere Quelle nicht an, aber sie erwähnt, daß die

[1] J. G. Müller a. a. O. VI. 540.

[2] Popow in Zeitschr. für Ethnologie 1878. 461.

[3] v. Middendorff, Sibirische Reise. IV. 1557.

[4] Dieser Blasebalg erscheint auch bei den Völkern im europäischen Rußland, so bei den nomadisierenden Kalmüken am Uralflusse, die kleine Eisenarbeiten und Waffen — trotz ihrer nomadisierenden Lebensweise — zu verfertigen verstehen. „Ihr Blasebalg besteht bloß in einem ledernen Sack mit einer Röhre in einer zwischen zwei glatten Hölzlein gefaßten Öffnung, welche sie mit der Hand ergreifen und, indem der Sack aufgehoben wird, öffnen, darauf schließen und den Sack zugleich niederdrücken.“ (Pallas, Reise durch verschiedene Provinzen des russischen Reiches. St. Petersburg 1771. I. 324.)

aus dem gewonnenen Eisen hergestellten jakutischen Schmiedearbeiten vorzüglich sind, namentlich die Messer. Die Klinge ist ähnlich wie die Schneide unserer Hobeleisen gebildet, indem die eine Fläche der Klinge im spitzen, die andere im rechten Winkel zum Rücken derselben gerichtet ist. Der Holzgriff ist mit eingelegten Messingstreifen verziert, Umgüsse von Blei festigen die Klinge im Griffe. Diese Klingen sind außerordentlich biegsam, so daß der Jakut sie im Halbkreis biegen kann, um damit aus freier Hand zu drechseln. Außerordentlich geschickt in der Metallbearbeitung, fertigen sie noch Äxte, Bärenspieße, Sicheln, Scheren, alle verziert und oft mit Silber tauschiert. Noch jetzt stehen die Eisenarbeiter bei den Jakuten in hohem Ansehen, wie z. B. Temir Jegor, der eiserne Jegor, den F. Müller[1] am Olenek unter 69° nördl. Br. traf und der dort seine Kunstfertigkeit ausübte. Die Eisenbereitung bei den Jakuten ist um deswillen von Interesse, weil sie einmal uns zeigt, wie weit dieselbe nach Norden hin vorgedrungen ist und andererseits, wie dieselbe mit dem Charakter eines nomadischen Volkes nicht unverträglich ist; ursprünglich Schafzüchter, sind die Jakuten zur Pferdezucht übergegangen und, allmählich ihre Weidegründe erweiternd, bis zur Eismeerküste vorgerückt.

Die übrigen Völker Sibiriens befanden sich beim Einrücken der Russen noch in der Steinzeit und stürzten sich, gerade so wie es von den Südseeinsulanern bekannt ist, auf das neue Metall, das neben Tabak und Branntwein ihnen der begehrteste Tauschartikel wurde, so daß für ein gewöhnliches Messer ein Zobelfell gegeben wurde.[2]

Ausgeschlossen ist nicht, daß bei den östlichen, Japan und China zugewandten Völkern hin und wieder Eisen, aus ostasiatischer Quelle stammend, vorkommt, doch war diese Einwirkung nur eine höchst untergeordnete und keinen durchgreifenden Einfluß ausübende. Nach Steller[3] lernten die Kamtschadalen das Eisen erst durch die Russen kennen; sie besaßen im Anfange des 18. Jahrhunderts fast nur Gerätschaften aus Stein

---

[1] Unter Tungusen und Jakuten. Leipzig 1882. 143.

[2] „Vor Alters war alle Gerätschaft von Eisen und anderem Metall in Sibirien sehr kostbar. Wenn man (die Russen) zu einem neubezwungenen Volke kam, welches entweder gar nicht oder noch nicht zu Genüge damit versehen war, so bekam man für einen eisernen oder kupfernen Kessel so viel Zobel und schwarze Füchse, als sich dahinein packen ließen.“ Müller, Sammlung Russ. Geschichte. St. Petersburg 1758. III. 485.

[3] Kamtschatka. 247. 320.

oder Knochen. Noch eingehender als unser Landsmann behandelt die hier interessierenden Verhältnisse der Russe KRASCHENINNIKOW. „Aus Knochen und Stein," sagt er, „waren der Kamtschadalen Äxte, Wurfpfeile, Nadeln, Spieße. Die Äxte bestanden aus den Knochen der Walfische oder Rentiere, zuweilen aus Achat und Kieselstein. Sie hatten die Gestalt eines Keiles und waren an gekrümmte Handhaben befestigt. Damit höhlten sie ihre Kanoes, Schalen und Tröge aus; allein mit so viel Mühe und Zeitaufwand, daß ein Kahn drei Jahre und eine große Schale wohl ein Jahr Zeit erforderte. Natürlich erhielten dadurch diese Gegenstände einen hohen Wert. Auch sehr feine Arbeiten konnten die Kamtschadalen mit ihren einfachen Werkzeugen ausführen. So sah KRASCHENINNIKOW eine Kette aus Walroßzahn mit den feinsten Gliedern, wie gedrechselt. Sie war 40 cm lang, aus einem Stück geschnitten und „ein Kunststück des größten Meisters würdig". Die Ansicht, daß die Kamtschadalen vor Ankunft der Russen durch die Japanesen (via Kurilen) das Eisen kennen gelernt, weist KRASCHENINNIKOW nicht zurück[1], doch fand der Import jedenfalls nur im geringen Maße statt.

Die nördlichen Nachbarn der Kamtschadalen, die Koriäken, erhielten dagegen das Eisen sicher erst durch die Russen, verstanden es aber bald, dasselbe in meisterlicher Weise zu bewältigen, wenn sie es auch nicht aus den Erzen darstellen lernten. „Messer, Beile, Piken, Ringe für die Rentier- und Hundegespanne, Armspangen von eigener Arbeit sieht man überall bei diesen Nomaden. Besonders aber zeichnen sich Messer und Piken durch Zierlichkeit aus, indem sie meist von ausgelegter Arbeit sind. Arabesken aller Art werden tief in das Eisen eingraviert und in die Einschnitte feine Kupferstreifen eingehämmert. Es ist oft erstaunlich, wie diese Leute mit so sehr mangelhaften Instrumenten die regelmäßigsten Formen den Messern und Piken geben und diese auf das geschmackvollste verzieren können."[2]

[1] KRASCHENINNIKOW, Kamtschatka. Lemgo 1766. 223. 225. — ERMAN (Reise um die Erde. III. 454) fand einen Obsidiannucleus, von dem Spähne abgeschlagen waren, zu Maschura in Kamtschatka. Die Bestimmung desselben war den Eingeborenen unbekannt. Er schloß daraus, daß infolge des Verkehrs mit den metallreichen Japanern „das sogenannte steinerne Zeitalter für Kamtschatka schon sehr früh seine Endschaft erreicht hätte. Namentlich aber weit vor der Ankunft der Russen". Das steht aber im direkten Widerspruch zu STELLER's Angabe.

[2] v. DITMAR, Über die Koriäken. Melanges russes. Tome III. 1./13. Juni 1855.

Noch weiter nördlich uns wendend, treffen wir auf die Tschuktschen, bei denen nach KARL VON NEUMANN, der sie 1869 besuchte, die Einführung des Eisens durch den Engländer BILLINGS am Ende des vorigen Jahrhunderts erfolgte, ohne die geringste Änderung in den Lebensgewohnheiten dieses Volkes hervorzubringen.[1] Sie sind noch heute, wie wir durch NORDENSKIÖLD erfahren, ein Volk, bei dem der Übergang vom Gebrauche des Steines und Knochens zum Eisen sich studieren läßt, da mehr und mehr europäische und amerikanische Eisenwaren bei ihnen zur Verwendung kommen, ohne jedoch jene soziale und kulturelle Umwälzung hervorzurufen, die wir gewöhnlich mit der Einführung des Eisens verknüpft wähnen. Das Material wechselt, aber sonst bleibt alles beim alten. Zur Ausrüstung der Schlitten gehört jetzt ein Stab mit Eisenbeschlag und einer Menge Eisenringe. Ihre Pfeile sind noch teils mit Holz- und Knochenspitzen, teils mit Eisenspitzen versehen, die Angelhaken aus Knochen oder Eisen, die Löffel aus Knochen, Kupfer oder (eingeführt) Eisenblech; die Hämmer zum Zermalmen der Knochen aber — echt prähistorischer Form! — aus Stein. Neben dem alten Drillbohrer zum Feuermachen benutzen die Tschuktschen schon Stahl, Feuer und Zunder. „Der Feuerstahl besteht oft aus einer Pfeilspitze oder einem anderen alten Stahlgerät oder auch aus extra für diesen Zweck geschmiedeten Eisen- und Stahlstücken. Gewöhnlich verrät die Form dieser Geräte einen europäischen oder russisch-sibirischen Ursprung, doch erwarb ich mir auch plump gehämmerte Eisenstücke, welche Proben einheimischer Schmiedegeschicklichkeit zu sein schienen. Ein Tschuktsche zeigte mir einen großen Feuerstahl letztgenannter Art, welcher mit einem kupfernen Griff für den Finger versehen und durch lange Benutzung hübsch geglättet war.“ Das Eisen zu diesen Feuerstählen war nicht meteorisch, mußte daher eingeführt und jedenfalls kalt geschmiedet sein.[2]

Was die vielbesprochenen Onkilon jener Gegend betrifft, so lieferte die Untersuchung ihrer Gräber nur Gerätschaften von Knochen und Stein, nichts von Metall.[3]

Die alten Bergbaue der Tschuden. So sind die Beziehungen der nordsibirischen Völker zu den Metallen in historischer Zeit und in der Gegenwart. Nordasien hat aber auch seine Völkerverschiebungen und Wanderungen gehabt und alte Funde in den

[1] Globus XXVI. 347 (1874).

[2] NORDENSKIÖLD, Umsegelung Asiens und Europas auf der Vega. II. 93. 106. 108. 110. 111. 117.

[3] NORDENSKIÖLD. I. 405.

erzführenden Gebirgen, wie in den Ebenen deuten auf vergangene Stämme, welche mit der Bearbeitung der Metalle wohl vertraut waren, ja hierin relativ Hervorragendes leisteten. In Bergbauen und Gräbern haben sich die Schätze jener prähistorischen Zeit erhalten, die zusammen mit der Linguistik uns Aufschlüsse über die vorgeschichtlichen Metallarbeiter geben.

Vom Ural bis zum Altai und wieder bis Transbaikalien werden die alten Bergbaue und Gräber vom Volke den Tschuden oder Tschudaki zugeschrieben. Daß es sich auf dieser weiten Ausdehnung um ein Volk gehandelt habe, läßt sich nicht annehmen, wie denn auch die große Verschiedenartigkeit der Grabfunde auf verschiedene Völker deutet und ihre Beschaffenheit und ihr Stil verschiedene Zeitperioden erkennen läßt. Die Wogulen, die jetzigen Bewohner des Ural, wußten, als die Russen zu ihnen kamen, nicht mehr, von wem die alten Halden und Schürfe herrührten, auch betrieben sie selbst keinen Bergbau, sondern wiesen auf die Tschuden hin. Die alten Minen selbst, die sich im Ural erhalten haben, schildert PALLAS folgendermaßen:

„Auf allen erzreichen Strecken am uralischen Gebirge finden sich alte, von einer uns unbekannten Nation, welche den Bergbau sehr fleißig getrieben haben muß, herrührende, oft ziemlich tief getriebene Schachte, Stollen und Schürfe; ja die besten heutigen Bergwerke im Orenburgischen haben ihre Entdeckung diesen alten Spuren, welche unter dem Namen Starie- oder Tschudskie-Kopi bekannt sind, zu danken. Sie sind um desto merkwürdiger, weil sie gemeiniglich bloß in runden Kanälen und Gängen bestehen, welche weder ausgezimmert, noch gestützt sind. Selbige sind zuweilen so enge, daß die Arbeit darin höchst beschwerlich muß gewesen sein, weil man in den getriebenen Örtern oft nicht einmal aufrecht stehen kann. Bei der Saigatschi Rudnik (bei Orenburg) ist außer vielen Schürfen ein außerordentlich geräumiger und mit vielen Örtern ausgetriebener Stollen noch im besten Stande gefunden worden, bei dessen Ausräumung man nicht nur geschmolzenes Kupfer in runden Kuchen, sondern auch viele runde, aus weißem Thon gemachte Töpfe, worin die Schmelzung verrichtet worden, ja auch Gebeine von verschütteten Arbeitern beisammen gefunden, von Herden oder Schmelzöfen aber nicht die geringste Spur bemerkt haben soll.“[1]

Als 1573 die Russen begannen, den Metallschätzen im Salair-

[1] PALLAS, Reise durch verschiedene Provinzen des russischen Reiches. St. Petersburg 1771. I. 246.

gebirge und dem Kusnezkischen Alatau — beides Ausläufer des Altai — Aufmerksamkeit zuzuwenden, waren die wichtigsten Gruben bereits 10—15 m tief ausgebeutet und verschüttet und alte Schlackenhaufen, aus denen man noch zwei Prozent Kupfer gewann, enthielten Schmelztiegel und kupferne Waffen. Außerdem bewiesen verschieden gestaltete Keile, Hacken und Hämmer mit Stiellöchern aus geschliffenem Diorit, Trapp und Sandstein das hohe Alter dieser Baue. Dagegen fehlten steinerne Geräte für die Bedürfnisse des täglichen Lebens.[1]

Ganz besonders entwickelt sind die alten Bergbaue am Schlangenberge im Altai, wo „die Tschuden“ die reichen und milden ockerigen Erze mit tiefen Schürfen und selbst Schächten von zehn und mehr Meter förderten. In die festen Erze einzudringen, haben ihnen die Mittel gefehlt, wiewohl man Spuren davon gefunden, daß sie in dieser Richtung wenigstens Versuche gemacht haben. Über die Art, wie jene Alten den Bergbau betrieben, lassen sich einige Andeutungen geben. Ihre Keilhauen und andere Gezähe waren aus Kupfer gegossen, wie die gemachten Funde beweisen; statt der Fäustel aber benutzten sie länglichrunde, sehr harte Steine, um welche in der Mitte eine Vertiefung ausgeschliffen ist, die zur Befestigung des Steines mit einem Riemen diente. Die Erze förderten sie in Ledersäcken an die Oberfläche, wie ein solcher mit reichem Ocker bei einem Skelett aufgefundener Sack beweist. Dieser goldhaltige Ocker war das Hauptziel des Bergbaues, wie auch die alten goldhaltigen Geschütte an den Bachufern darthun, wo der Goldschlich ausgewaschen wurde. Von Eisenwerkzeugen ist keine Spur gefunden worden.[2] Auch in der Gegend von Nertschinsk entdeckten die Russen alte Schürfe und Bingen, sowie alte verwachsene Schmelzherde und von Blei- und Kupferarbeit zeugende Schlacken und Glätten[3], und auch diese wurden den Tschuden zugeschrieben.

Wer waren nun jene Tschuden, durch die die alten Bergbaue im Ural und Altai angelegt wurden, Bergbaue, die viel gemeinschaftliches in der Art und Weise ihrer Anlage zeigen und an beiden, wiewohl weit von einander entfernten Orten, durch das Vorhandensein von Kupfergeräten, sowie die Abwesenheit von Eisen charakterisiert werden?

---

[1] Butenew im Archiv f. wissenschaftl. Kunde von Rußland. XXIV. 509.

[2] Pallas a. a. O. II. 608.

[3] Pallas, Neue nordische Beyträge. St. Petersburg und Leipzig 1783. IV. 207.

Es sind viele Mutmaßungen darüber aufgestellt worden. Vor hundert Jahren bereits identifizierte der Petersburger Akademiker Bayer die Tschuden mit den Skythen, die ja einen großen Teil Rußlands bewohnten. Dieser Ansicht hat sich später Ed. v. Eichwald angeschlossen, indem er die Skythen für die Vorfahren der heutigen finnischen Völker ansah.

Bekanntlich werden die Skythen noch als Vorfahren einer Reihe anderer Völker in Beschlag genommen und wir wollen die Ansicht v. Eichwald's dahingestellt sein lassen; daß aber die Tschuden — deren Namen unter den westlichen Finnen noch fortlebt — Finnen gewesen sein können, dafür sprechen noch andere Gründe. Die älteste Schmiedekunst der Finnen, als sie noch ungeteilt am Ural und in Sibirien beisammen saßen, muß nach Ahlqvist[1] auf das Kupfer bezogen werden; die Sprache legt hierfür Zeugnis ab, daß die Bekanntschaft der Finnen mit dem Kupfer eine sehr frühzeitige war, die Namen für dieses Metall sind in den finnischen Sprachen genuin. Bronze aber kannten sie wahrscheinlich nicht, da in ihrer Sprache sich keine Benennung für dieses Mischmetall vorfindet und da sie für das Zinn, welches zu einer solchen Bereitung nötig, den Namen erst aus den germanischen Sprachen entlehnt, also erst nach ihrer Ankunft an der Ostsee dieses Metall kennen gelernt.[2] Dort auch erhielten die baltischen Finnen von indogermanischen Völkern die Bezeichnung für Eisen, während die östlichen, den Ursitzen näher gebliebenen Finnen (Wogulen, Ostjaken, Wotjaken, Syrjänen, Tscheremissen) für dieses Metall einen gemeinsamen, nicht entlehnten Namen haben, der folglich erst entstanden sein kann, nachdem Ost- und Westfinnen sich getrennt hatten.[3]

Kupfer also ist das älteste Metall der Finnen und auf Kupfer und mit Kupfergezähen wurden die alten Bergbaue betrieben; die ursprünglichen Sitze der Finnen lagen gleichfalls am Ural und in Westsibirien, wo ja noch ein Teil dieses Volkes wohnt; endlich ist der Name der Tschuden, welcher den alten Bergleuten und Metallschmelzern Sibiriens traditionell gegeben wird, ein noch teilweise auf die heutigen Finnen angewandter. Auch A. Erman ist nicht abgeneigt, in den Tschuden finnische Völker, Vorfahren der jetzigen Ostjaken zu sehen, deren Name aus dem tartarischen *Uschstjak* entstanden ist.[4] Dieses alles scheint darauf zu deuten, daß jene

[1] Die Kulturwörter in den westfinnischen Sprachen. 63.
[2] Ahlqvist a. a. O. 66. [3] Ahlqvist a. a. O. 67. 70.
[4] Reise um die Erde. Berlin 1838. II. 38.

alten Metallurgen finnischen Stammes waren, wiewohl die Gründe nicht stark genug sind, um diese Mutmaßung zur Gewißheit zu erheben.

Kurgane und Gräber in Sibirien. Abgesehen von den alten Bergbauen finden sich im westlichen und südlichen Sibirien zahlreiche Gräber sehr verschiedener Art und, nach den reichen Grabbeigaben zu schließen, von sehr verschiedenen Völkern und aus verschiedenen Perioden herrührend. Sie fesselten frühzeitig die Aufmerksamkeit der Reisenden und auch der Schatzgräber, die, nach Gold wühlend, manches kostbare Denkmal vorgeschichtlicher Zeit zerstörten. Strahlenberg, Pallas, Gmelin, Eichwald, Radloff, Pogow, Meynier und Eichthal, Desor und andere haben sich mit diesen Gräbern und ihrem Inhalte beschäftigt; es existiert darüber in russischen Fachschriften eine reiche Litteratur, die ich zu meinem Bedauern aus Unkenntnis der russischen Sprache nicht benutzen konnte. Es mögen daher die nachfolgenden Mitteilungen unter dem Gesichtspunkte der Unvollständigkeit beurteilt werden.

Das Centrum der Verbreitung dieser Gräber liegt am oberen Jenisei und seinen Nebenflüssen im Kreise Minusinsk, da wo dieser große Fluß aus der Mongolei nach Sibirien übertritt. Entlang dem Jenisei haben die Metallerzeugnisse jenes alten Kulturvolkes oder jener alten Kulturvölker sich gegen Norden hin verbreitet, denn tatarische Hirten finden in den Steppen bei Krasnojarsk am Jenisei beim Weiden hin und wieder Bronzegegenstände mit Tierbildern, welche in ihrer Ausführung eine weit höhere Kultur voraussetzen, als sie unter den dortigen, jetzt bekannten Eingeborenen besteht oder bestanden hat und die gleichfalls mit den „Tschuden" in Zusammenhang gebracht wird. Derartige Bronzemesser zeigen am Griffe nach Desor[1] sehr gut ausgeführte Steinböcke, Wölfe, Elentiere, ja Tiger oder Löwinnen, aber mit einer Art von Elefantenrüssel.

Die Gegenstände, auf denen solche Ornamente vorkommen, sind Dolche, Beile, Piken, Meißel, gewöhnlich mit brauner, seltener mit grüner Patina überzogen. Die Formen werden von Desor, dem die Bronzen von dem Entdecker, dem russischen Ingenieur Lapatin zugeschickt wurden, für schön und elegant erklärt.[2]

---

[1] Journ. Anthropol. Instit. III. 175.

[2] Bull. soc. d'Anthropologie 1873. 441 ff.

Diese Funde, welche nach ihrer artistischen Ausgestaltung auf eine höhere Kultur schließen lassen, können nicht von den Vorfahren der heutigen Eingeborenen jener Gegenden herrühren und wohl auch kaum in diesen Gegenden entstanden sein, die mit einer Wintertemperatur, in der häufig das Thermometer bis auf — 40° R. sinkt, dem Aufblühen der Künste und Gewerbe wenig förderlich waren. Sie weisen nach Süden, nach dem Grenzgebiete gegen die Mongolei hin, wo in der That ein schöneres Klima herrscht und die zahlreichen Gräber als Quelle jener Funde von Krasnojarsk zu erkennen sind.

Übersicht und System in die Gräber am oberen Jenisei hat W. Radloff gebracht, der die zahlreichen, verschiedenartigen Grabstätten im Kreise Minusinsk, an dem Ufer des Jenisei, in den Steppen des Abakan und Jüs untersuchte, sowie an den Strömen, die östlich vom Altai herabkommen. Tumuli und Steingräber liegen unregelmäßig zerstreut in den Uferlandschaften und begleiten in ununterbrochener Reihe die Gestade der Flüsse. Schon ihre große Anzahl zeugt von einem langjährigen Aufenthalte eines zahlreichen Volkes in diesen Gegenden.

Wohl auszuscheiden von den alten Gräbern dortiger Gegend, die gleich näher charakterisiert werden sollen, sind die jüngeren, nicht auf der Steppenfläche verteilten, sondern entfernt von den Flüssen in den Vorgebirgen gelegenen Gräber, die oft zu 60 bis 80 an einer Stelle sich beisammen finden und von Kirgisen herrühren. Sie enthalten neben Skeletten Eisengerät, Kessel, auch aus Kupfer, Messer und Pfeile aus Metall und selbst aus Knochen, kurz, eine Sammlung verschiedenartiger Kulturgegenstände, neben welchen auch russische Münzen aus dem 17. Jahrhundert nicht fehlen.[1]

In den älteren, an den Flüssen gelegenen Grabstätten mit Steinsetzungen fand aber Radloff fast durchweg nur Kupfergeräte und er sieht in ihnen den Nachlaß der ältesten Bewohner jener Gegenden. Es sind dieses die bereits von Pallas erwähnten Erdhügel oder Kurgane, teilweise mit Steinsetzungen, welche dieser gründliche Beobachter bereits vor hundert Jahren folgendermaßen schildert:

„Man findet in solchen durchgängig ganz deutliches und oft noch ziemlich unverbrochenes Zimmerwerk von sehr verwestem Lerchenholz, aus dessen Lage man sieht, daß vor die Leiche aus ziemlich dicken, übereinander liegenden Balken, fast nach Art der

[1] Radloff in Verhandl. Berl. Anthropol. Ges. 1871. 83 ff.

russischen Bauernstuben, ein kleines, länglich viereckiges Behältnis zusammengefügt und mit Erde überschüttet worden ist. Gemeiniglich findet man über der von dicken Bohlen gezimmerten Decke des Grabkellers entweder ausgebreitete Birkenrinden, welche, wie bekannt, schwer verwesen, oder Steinfließen, welche die morsche Decke eingedrückt haben. Der Boden des Behältnisses ist gleichfalls mit Brettern gedielt. In solchen Behältnissen findet man gemeiniglich die Knochen von zweien, auch wohl nur von einer Leiche, und in einem Hügel oft mehrere, durch hölzerne Scheidewände oder auch gänzlich durch Erdräume von einander abgesonderte Behältnisse nebeneinander. Am Fußende findet man verschiedene mit der Leiche beerdigte Kleinigkeiten, irdene oder auch kupferne Kessel und Töpfchen, Überbleibsel hölzerner Geschirre und Schöpfkellen, kupferne Werkzeuge von allerlei Art. In der Gegend des Gürtels pflegen hirschförmige und andere Bleche des Beschlages, die Dolche und Messer mit Spuren einer Scheide und andere kleine Gegenstände zu liegen. Um den Kopf finden sich mit Gold überzogene Knöpfe, Spangen und andere Spuren der beigelegten Kleidung. Man soll sogar noch zuweilen sichtbare Stücke von golddurchwirkten Seidenzeugen und übergebliebene Haare von Zobel- und anderen Pelzen in den wohlerhaltensten Grabkellern angetroffen haben. Bei einigen hat man eine Menge Hackenknochen von großen und kleinen Tieren, die durchlöchert und abwechselnd nebeneinander gelegen, als ob sie aneinander gereiht gewesen, oder auch viele kleine eckige Pyramiden von verschiedener Gestalt aus Gußkupfer, die vielleicht ein Brettspiel oder etwas ähnliches vorgestellt, gefunden. Die Spuren der Lanzen oder auch der Ehrenstäbe, die bei männlichen Leichen oft gefunden werden und mit Krücken von Gußkupfer geziert zu sein pflegen, sind zuweilen mit schmalen Streifen von geschlagenem Golde schlangenweise umschlungen. Noch finden sich zuweilen echte Goldblättchen, die zur Zierat um den Hals oder die Ärmel mögen gelegt gewesen sein oder womit auch die Griffe der Dolche und die Zieratsbleche der Gürtel gleichsam nur umwickelt scheinen. Zuweilen sind in einem Behältnisse bei ganzen Leichen auch verbrannte beigesetzt, deren Knochen in einem Haufen beisammen gemeiniglich nahe an den Wänden des hölzernen Grabes liegen; auf solchen Aschenhaufen sind die Goldblättchen und andere mit beigesetzte Kleinigkeiten zu oberst gelegt. — Alles Kupfergerät ist Gußwerk; von Eisen fehlen zwar in dergleichen Gräbern nicht alle Spuren, aber es ist doch eine sehr große Seltenheit. Nur habe ich von einem kleinen verrosteten Beile, die man sonst aus Kupfer nicht so selten findet, und von einer Keilhaue gehört, welche in Gestalt den jetzt bei unseren Bergleuten gebräuchlichen ganz ähnlich gewesen seien. — In großen Kurganen werden Pferdegerippe mit Spuren von Sattel und Zeug über den Grabkellern in der bloßen Erde gefunden."[1]

Diese letzteren gehören aber offenbar in eine ganz andere Kategorie von Gräbern, wie wir aus den Forschungen Radloff's erkennen. In den Gräbern mit Kupfer- und Bronzegegenständen fand dieser nämlich niemals Pferdeknochen in größerer Anzahl, während in den späteren Steingräbern mit Eisen sich Pferdeskelette in Menge zeigten. Die Steingräber mit Eisenwerkzeugen zeigten in der Form der letzteren deutliche Nachbildungen alter kupferner Werkzeuge und Waffen. Diese Gräber stellt Radloff an die „Grenze zwischen Bronze- und Eisenperiode". Es sind solche Gräber, wie sie Pallas[2] gleichfalls erwähnt, als Bestattungsplätze Vornehmer mit zierlichem Silbergeschirre, Gold in Blechen, Knöpfen und anderen Zieraten, mit Steigbügeln und anderem Pferdegeschirre von Eisen mit Silber und Gold eingelegt oder überzogen und nur mit wenig Kupfergerät. Radloff nimmt an, daß diese Gräber mit Eisen, mit den seidenüberzogenen Pelzgewändern, wie er eines von 28 m Durchmesser an der Katanda öffnete, von einem eingerückten Reitervolke türkischen Stammes herrühren, von einem Volke, welches die älteren Kupfer- und Bronzearbeiter vertrieb.[3]

Hierhin gehören auch die von Strahlenberg[4] aufgefundenen

---

[1] Pallas, Reise durch verschiedene Provinzen des russischen Reiches. III. 386 und Tafel VII. Der hier abgebildete „Ehrenstab" und die Glocken sind mit ziemlich gut ausgeführten Steinböcken versehen — alle Gußwaren zeigen eine vorgeschrittene Technik. Diese Steinböcke (wohl Argali) sind charakteristisch für die gegossenen Kupferobjekte der Gräber am Jenisei. Man braucht sie aber nicht in eine wohlfeile Parallele mit Ziegen- und Antilopenbildern auf altgriechischen Vasen und Schwertbeschlägen der la Tène-Periode zu bringen, um ein Hauptargument dafür zu gewinnen, daß jene Tschuden die Lehrmeister der Urindogermanen in der Metalltechnik waren, wie dieses Prof. Unger thut (Mitteil. aus dem Göttinger Anthropol. Verein. 1874. I. 25). Eine solche Analogie hat keine Beweiskraft, ebensowenig wie die hier angezogene Spirale, da beides sich von selbst ergebende Darstellungen bei den verschiedensten Völkern des Erdballes sind.

[2] A. a. O. II. 360—362. 384.

[3] Verhandl. Berl. Anthropol. Ges. 1882. 430 ff. — Vergl. den Bericht von Hawelka über die Ausgrabungen der k. archäolog. Kommission in Sibirien. Mitteil. Wiener Anthropol. Ges. VII. 221 ff.

[4] Ph. J. von Strahlenberg, Das Nord- und östliche Teil von Europa und Asia. Stockholm 1730. 313. 317. 356. 359. 399 und Taf. III. IV und XX.

kleinen gegossenen Götzenbilderchen von Erz, Kupfer, Messing, Zinn, Silber und Gold, die zu tausenden in den „alten tatarischen Gräbern oder *tumulis sepulchralibus*" zu seiner Zeit enthalten waren und von denen er Abbildungen giebt; dahin gehören die Pferdezaumbuckeln, Glöckchen, die „Degen, Pfeile, Dolche und mehr dergleichen Dinge, welche die Russen ausgegraben und die nicht geschmiedet, sondern von Kupfer gegossen sind". Jüngerer Zeit gehören dann wieder jene Gräber an, aus denen Medaillen von Gold und Silber, ganze Schachspiele von Gold und große goldene Bleche, worauf der Tote gelegen, polierte Metallspiegel etc. ans Licht gefördert wurden. Auf den südlichen mohamedanischen Kulturkreis weisen ornamentierte Schalen mit kufischen Inschriften, schön ziselierte Bronzegefäße mit darauf dargestellten Falkenjagden hin, andere zeigen chinesischen Charakter, jedenfalls importierte Gegenstände, während die älteren Gräber höchst wahrscheinlich heimisches Metallgerät zeigen. Meynier und v. Eichthal, welche die Kurgane von Gonba bei Barnaul öffneten, die gleichfalls vom Volke den Tschuden zugeschrieben werden, sprechen sich aus anthropologischen Gründen, zumal auf die brachykephalen Schädel der Skelette jener Gräber sich stützend, dahin aus, daß jene Kurgane von einem türktatarischen Volke stammen. Sie fanden Eisen und Stoffe, wie Pallas und Radloff, während Bronze vollständig fehlte und die Zieraten aus gegossenem Kupfer bestanden.[1]

Denn das alte Volk, von dem die zahlreichen Gräber stammen, muß massenhaft hier gesessen und seine Metallsachen an Ort und Stelle gefertigt haben, wofür noch andere Anzeichen sprechen. Der Mineralreichtum des dortigen Gebirges, die alten, weithin sich ziehenden Schürfe und Baue, die Schlacken und Glätten sprechen dafür, daß am Jenisei ein metallkundiges Volk wohnte. Doch ist der Bergbau nur oberflächlich betrieben worden und die Gruben hören gewöhnlich da auf, wo hartes Gestein anfängt. Popow hat gezeigt, daß das alte Kulturvolk am Jenisei das Schmelzen der Metalle in kleinen Öfen ausführte, daß es das Legieren der Metalle (z. B. von Kupfer und Silber) verstand, mit der Abscheidung des Silbers aus dem Kupfer aber unbekannt war.[2]

Die Vermutung Radloff's, daß die Türken oder ein Volk türkischen Stammes das Eisen im Altai schmolz und in Sibirien diese

[1] Meynier et L. d'Eichthal, Les Tumuli des anciens habitants de la Sibérie, Revue d'Anthropol. 1874. 270. 274.

[2] Mitteil. der sibirischen Abteilung der russ. geogr. Ges. II. Heft 4 u. 5. 1872. — Arch. f. Anthropologie. XI. 318.

Kunst verbreitete, erhält mehrfache Bestätigung. Die alten chinesischen Geschichtswerke erzählen, daß das Eisenschmelzen im Kinschan (Altai) durch die Türken eingeführt wurde[1], und die Sprache zeigt uns gleichfalls die uralte Bekanntschaft der Türken mit dem Eisen, wiewohl auch andere Metalle ihnen frühzeitig bekannt waren. Vergleichen wir die turkotatarischen Idiome, so finden wir bei allen gleichlautend und gleichbedeutend *temir* für Eisen, ein Wort, das somit einem vordialektischen Zeitalter entsprungen und seit den ältesten Zeiten bekannt gewesen sein muß. Es geht ohne Zweifel auf die Stammsilbe *tim, tem,* fest, dicht, stark zurück. Aber ganz ähnlich verhält es sich mit dem Kupfer, *bakir, pakir,* dem die Stammsilbe *bak, pak* zu Grunde liegt, welche gleichfalls fest, hart bedeutet. Bei solcher Sachlage läßt sich auf sprachlichem Wege die Frage, welches das erste, dem turkotatarischen Urmenschen bekannte Metall gewesen, nicht entscheiden.

Können wir danach Eisen und Kupfer als gleichalterig vermuten, so läßt sich für die Bronze nachweisen, daß sie im frühesten Kulturstadium der Türken unbekannt war und ihnen erst von benachbarten Völkern zugeführt wurde. Das tschagataische *žes,* altaische *jes,* stammt vom mongolischen *dzes,* wobei jedoch hervorgehoben werden muß, daß, während mit diesem tschagataischen Worte heute Bronze bezeichnet wird, dasselbe im Altaischen und Mongolischen entschieden Messing und Kupfer bedeutet. Diese schwankende Definition des fraglichen Begriffes ist an und für sich hinreichend, um das Fremdartige dieses Metalles bei den Türken außer Zweifel zu stellen. Ein solches Schwanken ist nicht der Fall, wo die Wortbildung auf heimischem, festem Boden sich bewegt. Es ist, so rekapituliert Vambéry, unmöglich, bei den primitiven Turkotataren sprachlich ein Stein-, Bronze- und Eisenalter nachzuweisen.[2]

---

[1] Schott in Verhandl. Berl. Anthropol. Ges. 1883. 242.

[2] H. Vambéry, Die primitive Kultur des turko-tatarischen Volkes. Leipzig 1879. 174—177.

## Das Bekanntwerden der Amerikaner mit dem Eisen.

Eisen im vorkolumbischen Amerika unbekannt. Sir John Lubbock erzählt, daß bei der Entdeckung Amerikas am La Plata eine Völkerschaft gewohnt habe, welche mit Eisen beschlagene Pfeile besaß; die Beschläge wurden, wie man glaubt, aus Klumpen gediegenen Eisens gewonnen.[1] Lubbock führt keine Quelle für diese Angabe an; bestätigt sich dieselbe, so kann es sich nur um Meteoreisen handeln, das von jenen Indianern etwa ähnlich wie von den Eskimos verwendet wurde. Dahin gehört wohl auch, was Acosta von eisernen Keilen *(cuños de hierro)* berichtet, die in Paraguay als Münze umliefen.[2] Es läßt sich sonst keine Spur von Eisenverwendung im vorkolumbischen Amerika nachweisen. Die Mounds des Mississippithales enthalten nach Squier Silber-, Kupfer-, Stein- und Knochengeräte, aber kein Eisen ist — von einem einzigen Meteoreisenfunde abgesehen — gefunden worden.[3] Nirgends weist die Sprache der alten Kulturvölker Amerikas auf das Eisen hin, und wo Spanier, Portugiesen, Engländer mit den Eingeborenen in Berührung kamen, bestätigen sie überall die Unbekanntschaft derselben mit dem Eisen. Von den Cariben schrieb 1494 Kolumbus, daß sie, weil sie kein Eisen besäßen, ihre Pfeilspitzen aus Schildpatt oder Fischstacheln herstellten.[4] Der Eindruck, welchen die Unbekanntschaft der Eingeborenen der neuen Welt mit dem Eisen auf die ersten Entdecker hervorbrachte, war ein tiefer, und zwei Jahre nach der Auffindung Amerikas durch Kolumbus schrieb Dr. Chanca an das Domkapitel zu Sevilla: „*Tienen muchas ferramientas, ansi como hachas e azuelas hechas de piedra tan gentiles é tan labradas que es maravilla como sin fierro se pueden hacer.*" Mit ihren trostlosen Werkzeugen aus Stein und Muschelschalen verfertigten sie Skulpturen aus Holz, Götzenbilder, kunstreich geschnitzte Sessel und Zieraten für die Schnäbel der Schiffe. Am besten geriet diese Industrie den kunstsinnigen Bewohnern der Insel Guanaba im Westen von Haiti. Gold wurde als Schmuck geschätzt und in der Nase getragen; auf Haiti verarbeitete man es zu

[1] Lubbock, Die vorgeschichtliche Zeit. Jena 1874. I. 244.
[2] Acosta, Historia natural y moral de las Indias. Sevilla 1590. 199.
[3] Transact. Americ. Ethnolog. Soc. II. 164. New-York 1848.
[4] Bastian, Kulturländer des alten Amerika. II. 677.

Stangen und mancherlei anderen Dingen, namentlich zu Marken, die mit guten Steinen besetzt waren; auch von goldenen Kronen der Kaziken ist die Rede; doch verstanden sie — worauf in kulturhistorischer Beziehung viel ankommt — es nicht zu schmelzen, sondern nur zu hämmern.[1] Wie findig aber die Eingeborenen Kubas sich dem neuen Metall gegenüber zeigten, erkennen wir daraus, daß sie, wie OVIEDO (lib. VII. cap. 8) bezeugt, es verstanden, sich der eisernen Fesseln in spanischen Gefängnissen zu entledigen, indem sie Schnüre aus den Fasern des Henequenhanfes mit feinem Sande bestreuten und die Ketten so durchfeilten[2] — ein Fingerzeig dafür, wie auch manche Steine bearbeitet wurden.

Verwendung von Meteoreisen bei den Eskimos. Meteorisches Eisen war bei den Amerikanern früh im Gebrauche und es wird namentlich bei den Grönländern und Eskimos von verschiedenen Reisenden erwähnt. In bezug auf den Kulturfortschritt, das Eisen aus den Erzen geschmolzen zu haben, ist dieses Vorkommen des gediegenen Metalles bei jenen Nordländern aber ohne alle Bedeutung. Sie haben heute noch nicht, wiewohl sie mit dem europäischen Eisen nun lange bekannt sind, die Darstellung desselben erlernt und es liegt hierzu bei ihnen auch keine Veranlassung vor, abgesehen davon, daß die Rohmaterialien, Eisenerz und Kohlen, meist fehlen. Das Meteoreisen aber, welches die Eskimos zu Messern, Pfeilspitzen etc. verwerteten, wird von ihnen wie der Stein gehandhabt und verarbeitet durch einfaches Zuschleifen und Fassen in Holz oder Knochen, gerade so wie das gediegene Kupfer bei südlicher wohnenden Indianerstämmen.

Als 1823 CLAVERING und SABINE den nördlichsten Teil Ostgrönlands entdeckten, trafen sie dort unter 75° nördl. Br. noch einige, seitdem ausgestorbene Eskimos, die zum erstenmale weiße Menschen sahen und die auch mit den Grönländern der Westküste in keinerlei Beziehungen standen. Dieser abgeschiedene Posten besaß Harpunen und Speere mit Knochenspitzen, doch waren einige Spitzen von Eisen, welches allem Anscheine nach meteorischen Ursprunges war.[3]

Von der Westküste Grönlands kennen wir durch denselben SABINE auch verarbeitetes Meteoreisen. Als er 1818 mit JOHN ROSS den kleinen Eskimostamm am Kap York (am Eingange des Smith-

[1] NAVARRETE, Coleccion de los viages etc. Madrid 1825. I. 98. 115. 118. — WAITZ, Anthropologie. IV. 325.

[2] PESCHEL, Zeitalter der Entdeckungen. 179. 182.

[3] PETERMANN's Mitteilungen. 1870. 326.

sundes) entdeckte, fielen ihm sogleich die Messer dieser Polarmenschen auf. Er berichtet[1]: „Jeder der uns am 10. August besuchenden Eskimos, und ich glaube jeder der uns später besuchenden, besaß ein roh gearbeitetes Instrument, welches die Stelle eines Messers vertrat. Der Griff war aus Knochen von 23—28 cm lang und dem Handgriffe eines Einschlagemessers ähnlich gearbeitet; in einem auf der Kante entlang laufenden Einschnitte sind dann eine Anzahl plattgeschlagener Eisenstückchen, von drei bis zu sieben Stück bei einzelnen Messern und gewöhnlich bis zur halben Länge des Messers, eingefügt. Keines dieser Stücke war an dem Handgriffe besonders befestigt, mit Ausnahme des die Spitze bildenden, welches in der Regel zweischneidig und roh vernietet war (Fig. 31). In der ersten Antwort auf unsere Frage, woher sie das Eisen erhalten hätten, wurde uns zu verstehen gegeben, sie hätten es am Meeresufer gefunden, und wir vermuteten, es stamme von den Beschlägen gelegentlich an die Küste getriebener Tonnen. Nur wunderten wir uns über die Leichtigkeit, mit welcher sie ihre

Fig. 31. Eskimomesser mit Meteoreisen. Nach SABINE.

Messer hergaben; sie erhielten allerdings unendlich viel bessere Messer im Austausche gegen die ihrigen, es schien uns aber doch, als ob sie das so zufällig erhaltene Eisen nicht so hoch schätzten, als wir erwarten konnten. Das veranlaßte eine Diskussion unter uns, bei welcher einige der bei der Befragung der Eskimos in der Kajüte zugegen gewesene Offiziere bezweifelten, daß der Dolmetscher ZACHEUS richtig verstanden worden sei; er wurde also wieder herbeigeholt und ihm gesagt, man wünsche zu wissen, was über das Eisen an den Messern, von denen eins auf dem Tische lag, gesagt worden sei, worauf man ihm das, was er anzugeben hatte, ohne ihn zu unterbrechen oder ihm einzuhelfen, sagen ließ. Er erklärte, es sei kein englisches oder dänisches, sondern Eskimoeisen; es komme von zwei großen Steinen auf einem Hügel, nahe an einer Gegend der Küste, an der wir kürzlich vorbeigefahren und die jetzt noch in Sicht sei. Die Steine seien sehr hart; kleine Stücke würden davon ab- und zwischen anderen Steinen plattgeschlagen. Diesen

[1] Quarterly Journal of Science. 1819. vol. VII. 79.

Bericht wiederholte er gleichmäßig mehrere Mal, so daß der Sinn desselben nicht zweifelhaft bleiben konnte. Ferner brachten wir von ihm heraus, daß er von dem Vorkommen solcher Steine in Südgrönland nie gehört habe, daß die Eskimos ausgesagt hätten, sie wüßten von keinen anderen Steinen außer diesen beiden und endlich, daß das Eisen, so wie es von dem Steine losgebrochen werde, unverändert vor uns liege und im kalten Zustande platt gehämmert worden sei. Unsere späteren Besucher bestätigten obigen Bericht mit dem Hinzufügen eines merkwürdigen Umstandes, nämlich, daß die beiden Steine nicht gleichartig seien. Der eine nämlich bestehe ganz und gar aus Eisen und sei so hart und schwierig zu zerschlagen, daß sie das nötige Metall lediglich aus dem anderen, in der Hauptsache aus einer harten, dunklen Gesteinsart bestehenden Blocke entnähmen.[1] Aus den abgeschlagenen Bruchstücken gewännen sie dann kleine Eisenstückchen, welche sie so flach schlügen, wie wir sie vor uns sähen. Der Hügel, wo das Meteoreisen vorkommt, wird von den Eingeborenen *Sowilie (Sauwilie)* genannt, abgeleitet von *Sowie (Sauwie)*, dem bei den Grönländern gebräuchlichen Namen für Eisen. Zacheus sagte mir, das Wort bedeute eigentlich einen „harten, schwarzen Stein", aus dem die Eskimos Eisen zu ihren Messern gewannen, ehe die Dänen Eisen bei ihnen einführten, und daß nun das Eisen, als zu gleichem Zwecke dienend, auch denselben Namen bekommen habe. Ich meine nun, daß die nördlichen Eskimos den Namen in ähnlicher Weise für das so zufällig von ihnen gefundene Eisen benutzten. Der Bericht über Kapitän Cook's dritte Reise belehrt uns, daß die Bewohner des in unmittelbarer Nachbarschaft der Beringstraße belegenen Nortonsundes ihr von den Russen bezogenes Eisen *Shawie* nannten, was offenbar dasselbe Wort ist. Die eigentümliche Farbe dieser Eisenstücke, ihre Weichheit und Freiheit von Rost ließen es als sehr wahrscheinlich erscheinen, daß sie aus Meteoreisen beständen, wie auch seitdem die Analyse nachgewiesen hat."

Soweit der interessante Bericht Sabine's, der uns die nördlichen, 1818 entdeckten Eskimos im Besitze von Meteoreisenmessern zeigt, über deren Herstellung wir genau unterrichtet werden. Würden wir noch Zweifel hegen an der meteorischen Natur des Eisens der Eskimomesser, so würden dieselben zerstört durch die 1870 erfolgten riesigen Meteoreisenfunde im nördlichen Westgrönland

[1] Hier handelt es sich also wohl um Meteoreisen und Meteorstein, letzterer mit eingesprengten Eisenpartikeln, die von den Eskimos benutzt wurden.

durch NORDENSKIÖLD, sowie das anderweitig konstatierte Vorkommen von Meteoreisenmessern bei Eskimos.

Es scheint in diese Kategorie auch das Eisen zu gehören, welches S. HEARNE 1772 in einem Eskimolager am Kupferminenflusse fand, bei einem Stamme, der sonst gediegenes Kupfer zu Waffen und Geräten benutzte. Es waren zwei kleine Stückchen, „eins 3,5 cm lang und 90 mm breit, welches ein Weibermesser vorstellte, das andere war nur 2,5 cm lang und 60 mm breit. Dieses letztere war in ein Stück Elfenbein (Walroßzahn) befestigt, so daß es ein Mannsmesser ausmachte, dergleichen in der Hudsonsbai unter dem Namen *Mokeatoggen* bekannt und das einzige Werkzeug sind, dessen sie sich zur Verfertigung ihrer Holzarbeiten bedienen.“[1]

Daß die sogenannten Moundbuilder im Bereiche der Vereinigten Staaten neben den verschiedenen oben erwähnten Metallen auch selten das Meteoreisen benutzten, dieses zu konstatieren ist erst in der allerneuesten Zeit dem verdienstvollen Direktor des Peabodymuseums, PUTNAM, gelungen. Er fand in einem Mound am Little Miami (Distrikt Anderson, Ohio) eine Kupferscheibe mit Eisen überzogen, dessen Nickelgehalt und Hämmerbarkeit den meteorischen Ursprung bezeugten.[2]

Unser Eisen wurde in Grönland erst durch die Dänen verbreitet, wenn auch in geringerem Maße solches den Eingeborenen schon durch die alten normannischen Besiedler des Landes zugegangen sein kann. Es ist dabei aber nicht zu übersehen, daß erst von der Mitte des 14. Jahrhunderts an die Eskimos von der Westküste der Davisstraße via Smithsund nach Grönland vorrückten und mit den Normännern in feindliche Berührung (als Skrälingar) gerieten, deren dunkle Farbe, breite Backenknochen, Pelzkleider, Lederbote, Gerätschaften aus Stein oder Zahn und Unbekanntschaft mit dem Eisen in den Quellen geschildert werden.[3] Gelegentlicher Tauschverkehr brachte im 17. Jahrhundert — lange nach dem Eingehen der normannischen Kolonien — den Grönländern einiges Eisen, dessen Wert man bald erkannte, wie denn die durch DANELL 1654 nach Dänemark gebrachten Grönländer, welche OLEARIUS in Flensburg kennen lernte, stets begierig nach Eisen und Messern griffen, Geld aber und andere Dinge, wenn ihnen die Wahl ge-

[1] HEARNE's Reisen nach dem nördlichen Weltmeer. Halle 1797. 118.
[2] Bullet. soc. d'Anthrop. 1883. 438.
[3] KONRAD MAURER in Zweite deutsche Nordpolfahrt. Leipzig 1873. I. 234.

stattet war, liegen ließen.[1] Noch zu EGEDE's Zeit (1721) waren die Pfeil- und Lanzenspitzen der Grönländer teilweise aus Knochen und Stein und nur teilweise aus Eisen.[2]

Nordwestamerika erhielt das Eisen von Asien. Den westlichen Eskimos an der Beringstraße und den ihnen benachbarten Indianern kam die Kunde des Eisens von Asien her und zwar vereinzelt schon vor der Ankunft der Russen am östlichen Ende der alten Welt.

Die Berührungen zwischen der alten und neuen Welt sind, da wo beide sich am meisten nähern, immer sehr mannigfaltiger Art gewesen. Der Tauschverkehr zwischen den zu beiden Seiten der schmalen Beringstraße angesessenen Völkern ist ein lebhafter; Lebensart und Sitten zeigen bei den Tschuktschen der alten Welt und den Eskimos der neuen ungemein viel Übereinstimmendes bis in die geringsten Kleinigkeiten. „Die Amerikaner, welche wir bei Schumachins Insel auf Amerika gesehen, sind den hiesigen Völkern (Kamtschadalen etc.) so gleich, als ein Ei dem anderen", schreibt der alte STELLER[3], und der Verständigung der Asiaten und Amerikaner untereinander steht in diesem Erdwinkel nichts entgegen. Aber auch die weiter südlich gelegenen Küsten Nordamerikas, bis nach Kalifornien hin, haben nachweisbar asiatische Einflüsse, wenn auch in einem weit geringeren und keineswegs nachhaltigen Maße, erhalten. Wir meinen die mit dem Kuro Siwo oder schwarzen Strome von Japan nach Amerika hinübergetriebenen schiffbrüchigen Dschonken. Es sind aus dem vorigen und diesem Jahrhundert eine große Anzahl festgestellter Fälle dieser Art bekannt; japanische Dschonken scheiterten an den Alëuten, ja auf den Sandwichinseln, und mit ihnen wurde stets Eisen nach der neuen Welt gebracht. So ist es ohne Zweifel auch in der Zeit gewesen, als Europäer noch nicht nach Nordwestamerika gelangt waren. Hieraus erklärt sich vielleicht teilweise die Bekanntschaft der Bewohner Kaliforniens, Oregons und der weiter nördlich wohnenden Völker mit dem Eisen, als ihre Küsten im vorigen Jahrhundert zuerst von europäischen Schiffen besucht wurden. Anderseits aber, und wohl vorwiegend, kam ihnen dasselbe von Norden her, von den Russen, welche im vorigen Jahrhundert die Länder an der Beringsee in Besitz nahmen. Eine merkwürdige Thatsache bleibt es auch, daß die Konjagen,

---

1 ADAMI OLEARII, Persianische Reisebeschreibung. Hamburg 1696. 88.
2 HANS EGEDE's Beschreibung von Grönland. Berlin 1763. 124. 125.
3 STELLER, Kamtschatka. 251.

eines der dort wohnenden Völker, zu jener Zeit durch die Russen den Tabak kennen lernten[1], welcher somit auf einem Gange rund um den Globus zu ihnen, den Amerikanern, gelangte. Es ist aber der Tabak ein Genußmittel, das noch schneller als das Eisen sich verbreitete, hier aber gleichzeitig mit diesem seinen Einzug hielt. In dieser Thatsache sehen wir aber auch eine Bestätigung dafür, daß nicht von Osten oder Süden her das Eisen nach dem Nordwesten Amerikas gelangt sein kann; denn die Völker in den Vereinigten Staaten, wie die Tolteken-Azteken im Süden waren große Raucher und durch Angelsachsen wie Spanier mit dem Eisen schon vertraut, als der Nordwesten letzteres noch nicht kannte. Wäre das Eisen von Osten oder Süden gekommen, sicher wäre dabei auch dem Tabakrauchen die Bahn gebrochen worden.

Die Expedition Bering's, auf welcher Amerika von Kamtschatka aus entdeckt wurde, fällt in das Jahr 1741 und sehr bald darauf begannen die Züge der russischen Pelzjäger nach den Alëuten und dem amerikanischen Festlande. Aber nur langsam verbreiteten sich Eisengeräte. Billings fand 1790 auf Unalaschka noch Nähnadeln aus den Flügelknochen der Möve gearbeitet und Speere mit Knochenspitzen; ebenso auf Kadjak. Im Prinz Williamssund, wo er ankerte, bezeugten die Eingeborenen eine starke Neigung, alles, was von Eisen war, zu stehlen.[2] Trotzdem war hier, wie wir erwähnten, das Eisen schon vor der Ankunft der Weißen bekannt, wiewohl die alten Steinwerkzeuge noch vorherrschten und die Modelle für die neuen eisernen abgaben, zu denen der Stoff von den Bestandteilen verunglückter Schiffe entnommen wurde.[3]

Alle Stämme an der Westküste Nordamerikas zwischen 40° und 60° nördl. Br. waren in der Mitte des vorigen Jahrhunderts mit dem Eisen wenigstens vertraut, so fand es Cook 1778 am Nutkasund im Gebrauche, da die Haidas es von Norden oder von japanischen Schiffbrüchigen erhalten hatten. *It was certainly used in British Columbia for various purposes before the coming of the whites.*[4] Vancouver, dessen Reise etwas später fällt, sah bei den Indianern am Discoveryhafen der Juan de Fuca Einfahrt Speere, Pfeile und Fischhaken von Achat oder Knochen, „doch hatten auch einige Pfeile eine Spitze von dünnem glatten Eisen". An der Johnstonestraße

[1] Holmberg, Völker des russ. Amerika. I. 132.

[2] Sauer, Billings' Reise nach dem russ. Asien und Amerika. Weimar 1803. 161. 179. 190.

[3] Holmberg a. a. O. I. 101.

[4] Bancroft, Native Races of the Pacific States. I. 164.

zwischen der Vancouverinsel und dem Festlande, fand er bei den Indianern „viele Speere mit eisernen Spitzen“, und auch am Nutkasunde traf er 5—6 m lange Speere, die „oben eine lange polierte eiserne Spitze“ hatten; anderseits aber traf er in derselben Region noch Lanzen mit Schieferspitzen.[1] Diesen Übergangszustand charakterisiert auch MAURELLE, der Steuermann BODEGA's, welcher 1775 nach Kap Mendocino an der nordkalifornischen Küste kam. Die Waffen der Indianer „waren hauptsächlich Pfeile mit Spitzen von Feuerstein, auch Kupfer und Eisen, welches sie, soviel wir verstanden, von Norden her bekommen und worauf wir, an einem Pfeil, das Zeichen G bemerkten. Den größten Wert setzten sie auf Eisen, besonders Messerklingen und alte Faßringe“.[2]

Eisen in Kalifornien. Bis hierher reicht der russische Einfluß. Südkalifornien dagegen erhielt sein erstes Eisen aus dem spanischen Kulturkreise, worauf noch jetzt die Funde von Eisen in alten Gräbern deuten. CABRILLO hatte 1542 im Auftrage des Vicekönigs von Mexiko die kalifornischen Küsten aufgesucht und damit treten spanische Metallwaren und Waffen bei den Eingeborenen auf. Die südkalifornischen Indianergräber bergen dieselben in Menge neben silbernen Löffeln, Porzellantassen und Pistolenläufen, so daß über die Herkunft kein Zweifel entstehen kann. Es ist aber aus den Grabfunden, namentlich jenen des Isthmus von Santa Catalina, die hohe Wertschätzung zu ersehen, welche die kalifornischen Indianer dem neuen Metall zu Teil werden ließen. Selbst kleine Stückchen Eisen schliff man zu in der Form wie die alten Feuersteingeräte und befestigte sie in hölzerne Hefte, ganz nach Art dieser (Fig. 32), wie ein Fund von Santa Cruz Island beweist; andere Eisenstücke, die als Grabbeigaben gefunden wurden, sind höchst sorgfältig in Stoffe oder pelzbesetzte Scheiden eingewickelt worden, deren Spuren bei den Funden der Gräber von La Patera sich noch deutlich erhalten haben.[3]

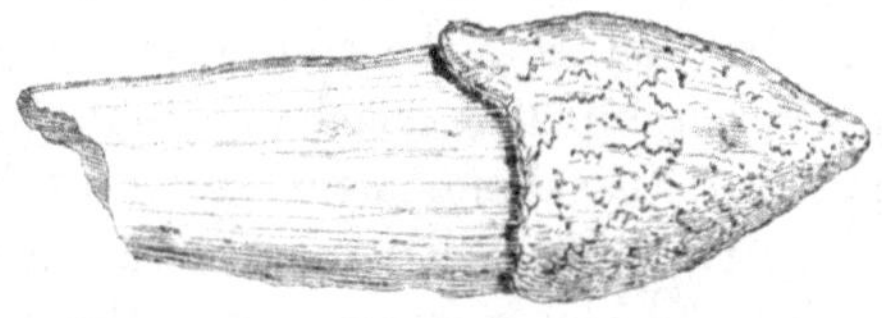

Fig. 32. Europäisches Eisen von Indianern nach Art der Feuersteinspitzen in Holz gefaßt. Nach U. S. Geogr. Surveys, west of 100th meridian.

[1] VANCOUVER's Reise. Berlin 1799. I. 181. II. 233. 251. 233.

[2] PALLAS, Neue nordische Beyträge. St. Petersburg und Leipzig 1782. III. 223.

[3] Report upon U. S. Geograph. Survey west of the 100th Meridian. vol. VII. Archäology. Wash. 1879. 273. Plate XV. und Plate IV. Fig. 8.

Auch anderwärts dieselbe Wertschätzung der ersten zugeführten Eisenstückchen und deren Mitgabe in Gräber! In den alten Indianergräbern von Kantunile in Yukatan fand man neben Perlen, geschnitzten Muschelschalen, auch thönerne Vasen bis zum Rande gefüllt mit Pfeilspitzen aus Obsidien und dazwischen ein Federmesser mit Hornschale in höchst zerfressenem Zustande. *At the time of the conquest it was doubtless considered precious, worthy of being buried with the heirlooms of its owner, and of accompanying him to the world of spirits.*[1]

So geht naturgemäß die Ausbreitung der Kenntnis des Eisens bei den amerikanischen Eingeborenen mit der Entdeckungsgeschichte Hand in Hand, sie läßt sich mit Hilfe derselben leicht weiter verfolgen. Es erscheint hierbei aber als eine Thatsache, daß die Eingeborenen, wiewohl sie das neue Metall kennen lernten, nur in den seltensten Fällen selbst zur Darstellung desselben schritten. Europa führte es ihnen in genügender Menge und billig zu im Austausche gegen die leicht zu erhaltenden heimischen Naturprodukte, deren schnelle und einfache Gewinnung den Antrieb zur Selbstbereitung des Eisen hinfällig machen mußte. Es erscheint daher auffallend und als Ausnahme, wenn Musters berichtet, daß die Patagonier es gelernt hätten, Eisenerz zu reduzieren und das gewonnene Eisen zu Bolaskugeln zu schmieden. Diese Südamerikaner sind nach ihm geschickte Eisenarbeiter; sie verfertigen aus jedem Stückchen Metall, das sie durch Diebstahl, Handel oder Wraks von der Küste bekommen, ein Messer oder Beil. Aber auf kaltem Wege, denn sie benutzen dazu onomatopoetisch *Kikerki* genannte Feilen, die sie auf dem Handelswege erhalten.[2] Die Indianer der Vereinigten Staaten haben sich nirgends — es sei denn da, wo sie ansässig in den Reservationen wurden — zum Schmieden, geschweige denn zur Herstellung des Eisens bequemt. Die *Wihinkpi* oder Pfeile der Dakota sind jetzt mit eisernen Spitzen statt solcher von Feuerstein versehen. Aber dieses Eisen ist europäisches (oder nordamerikanisches) Bandeisen, einfach kalt auf Steinen zugeschliffen.[3]

Nach Traditionen und Sagen in bezug auf das Eisen bei den Amerikanern zu forschen, erscheint bei der Sachlage nicht am Platze, es sei denn, daß man die Frage erweiterte und nach der Herkunft der Metalle frage. Es fehlt nicht an Andeutungen, daß die Metall-

---

[1] Stephens, Incidents of travel in Yucatan. II. 344.

[2] Musters, Unter den Patagoniern. Jena 1873. 177. 183.

[3] Nach Exemplaren im Leipziger Museum für Völkerkunde.

arbeiter in ähnlicher Weise hoch geschätzt wurden, wie in anderen Ländern. Einer alten Tradition zufolge soll bei den Thlinkithen in Nordwestamerika ein Weib die Kunst, zu schmieden, erfunden haben, weshalb ihr auch eine fast göttliche Verehrung zu teil wurde. Noch zu Holmberg's Zeit wurde diese Kunst als Geheimnis bewahrt und lebte als Erbteil in gewissen Familien fort.[1] Als Kittlitz in Sitcha war, stand eine Frau an der Chathamstreet im besonderen Rufe als Waffenschmiedin.[2] Zwei schiffbrüchige Seeleute wurden noch in diesem Jahrhundert von den Klatsopindianern an der Mündung des Columbia als Sklaven gehalten *until it was found, that one was a worker in iron, of which the Indians began to see the value, when they made him a chief.*[3]

Ich will hier, wo ich die Darstellung der Einführung des Eisens bei den Indianern verlasse, noch auf eine Tradition hinweisen, die ich bei Abbé Petitot[4] finde und die auf die Entdeckung und Ausarbeitung des Eisens aus *fer oligiste* durch die Tinnéindianer hinweist. Ich kann mich indessen einiger Zweifel über diese Darstellung nicht erwehren und glaube, daß hier „Kupfer“ statt Eisen zu lesen ist, worauf die *substance dure et rouge* hinweist. Die Tinné erzählen also: Einer der ihrigen gelangte an den Lé-kota-la-délin, einen Zufluß des Mackenzie. *Il apperçut une substance dure et rouge, semblable à la fiente de l'ours noir frugivore; c'est pourquoi il l'appela sa-tsonne (fumées d'ours). C'était du fer oligiste. Jusqu'alors les Dènè s'étaient servis d'armes et d'outils de pierre; toutefois ils devaient connaitre le métal, car leur tradition dit que jusqu'a la trouvaille du vieillard, ils n'en avaient point vu sur le nouveau continent. De ce fer ils se fabriquèrent des aiguillettes ou alènes de la longeur du petit doigt, qu'ils vendaient pour dix peaux d'orignal aux Esba-t'a-ottiné de la rivière des Liards.*

Sprachliche Bezeichnungen für Eisen bei den Amerikanern. Die Völker Amerikas, welche durch die Spanier das Eisen kennen lernten, nahmen mit der fremden Sache keineswegs den fremden Namen an, sondern bildeten aus dem heimischen Wortvorrat mit Anlehnung an die eigenen Bezeichnungen für Metall und Kupfer eine neue zusammengesetzte Bezeichnung. In Molina's *Vocabulario de la lengua Mexicana*, Mexico 1571, ist *hierro metal* mit *tlitic tepuztli* wiedergegeben. *Tlitic* wird als *cosa negra* erklärt und

[1] Holmberg a. a. O. I. 28.
[2] Denkwürdigkeiten einer Reise etc. I. 214.
[3] Gibbs in Contribut. to North Americ. Ethnology. Wash. 1877. I. 237.
[4] Dictionnaire de la langue Dènè-Dindjiè. Paris 1876. XXVIII.

*tepuztli* als *cobre o hierro;* wir hätten danach bei den Mexikanern ein „schwarzes Kupfer" für Eisen.

Die Völker des südlichen Kulturkreises verfuhren in ähnlicher Weise; hier erscheint das Wort *qquillay, cquellay, quellaya* für Eisen. Im ältesten Wörterbuche der Quichuasprache[1] ist aber *quillay* zugleich mit *hierro* und *metal* erklärt, so daß wir auch in der Quichuasprache eine Übertragung des Begriffes Metall auf Eisen annehmen dürfen. Freilich giebt Holguin[2] *qquillay* einfach als *hierro* und hat für *metal o cobre* das Wort *anta* und *puca anta* (rotes *anta*); daß aber in dem Worte *qquillay* nur die Bedeutung Metall zu suchen ist, beweist uns das Aymara, denn hier heißt[3] *hierro* = *yauri* und *quellaya yauri. Yauri* aber wird als *cobre* erklärt und *quellaya* als *hierro de Castilla.* So ist es auch im Araukanischen[4], wo *hierro* und *metal* = *pañilhue* heißen und Kupfer speziell als *cum-pañilhue* (rotes *pañilhue*) erklärt wird, und im *Moxa*[5], wo es heißt *hierro* = *tumore; tumore* aber wird durch *todo genero de metal* erläutert.

Die Arowaken in Guiana nennen das Eisen *siparalli* und den Stein *siba,* woraus sich leicht das erstere ableiten läßt; wenn nun die benachbarten Galibi für Eisen dasselbe Wort wie die Arowaken, nämlich *siparali* und *sibarari* gebrauchen, für Stein aber *topu* haben, so erklärt sich dieses sicher dadurch, daß sie durch die Arowaken das fremde Metall kennen lernten und dabei den arowakischen Namen annahmen.[6]

Noch ein paar Beispiele. Der Indianer Costaricas bezeichnet Eisen und alles, was daraus bereitet ist, mit dem Worte für Messer, *tabé.* Danach ist ein eiserner Topf *tabé-ung,* wörtlich Messerthongefäß.[7]

Einfacher noch behelfen sich die Tsimsian, ein Stamm der Thlinkithen im Washington Territory, welche das Eisen mit ihrem Worte für schwarz, *tuts,* benannten.[8]

---

[1] Thomas, Grammatica de la lengua del Peru. Valladolid (1560).

[2] Vocabulario de lengua Quichua. Lima 1608.

[3] Bertonio, Arte y grammatica de la lengva Aymara. Roma 1603.

[4] Febres, Arte de la lengua general del regno de Chile. Lima 1765.

[5] Marban, Arte de la lengua Moxa (Lima 1701).

[6] Martius, Glossaria linguarum brasiliensium. Erlangen 1863. 308. 309. 342. 350.

[7] Gabb, Indian tribes of Costarica. In Americ. Philosoph. Soc. vol. XIV. 556. 565. Philadelphia 1875.

[8] Contributions to North Americ. Ethnology. I. 148.

## Das Kupfer bei den Nordamerikanern.

Ebenso wie die Eskimos das meteorische Eisen im kalten Zustande verarbeiteten, hämmerten und meißelten, ohne daß sie es verstanden, es zu schmieden oder gar zu gießen, so benutzten sie auch das Kupfer; es war ihnen gleichsam ein weicher, formbarer Stein, ein Gegenstand, der nach unserer Anschauung etwa das Übergangsstadium von der Stein- zur Metallbenutzung fixiert. Die Eskimopfeile, die Hearne 1772 an der Mündung des Kupferminenflusses bei den Eingeborenen fand, waren mit Spitzen aus Stein oder Kupfer versehen. „Ihre Beile," schreibt er, „verfertigen sie aus einem dicken 10—15 cm langen und 2—7 cm breiten Klumpen Kupfer. Sie sind an ein 30—35 cm langes Stück Holz mit Schnüren festgebunden und werden wie ein Meißel gebraucht, indem man mit einer schweren Keule darauf schlägt, sind aber zu leicht und stumpf, um wie ein Beil gebraucht zu werden." Auch „Bajonette" in Spatenform und in Hirschhorn gefaßt, sowie Weibermesser aus Kupfer erwähnt Hearne.[1] Dasselbe berichtet Rae von den weiter östlich an der Repulsebai wohnenden Eskimos. „Fast alle Geräte und Waffen dieses Volkes waren aus heimischem Kupfer geformt, welches sie hübsch in Messer, Dolche, Speere, Lanzen- und Pfeilspitzen gehämmert hatten."[2] Wahrscheinlich stammte dieses Kupfer auch vom Kupferminenfluß, von wo es auf dem Handelswege an die Repulsebai gelangte.

Ehe die Hudsonsbaicompagnie ihre Faktorei am Churchillflusse anlegte (ungefähr 1720), gebrauchten die nördlichen Indianer kein anderes Metall als das Kupfer, einzelnes Eisenwerk ausgenommen, welches etwa am Fort York (seit 1713) von ihnen eingetauscht wurde. Alljährlich zogen sie in großer Anzahl an die Mündung des Kupferminenflusses, um das dort gediegen vorkommende Metall zu suchen, aus dem sie Beile, Eishacken, Lanzenspitzen, Messer, Pfriemen, Pfeilspitzen verfertigten. „Die vielen auf diesen Reisen ausgetretenen Fußsteige, welche an manchen Orten auf den trockenen Steinklippen und Bergen sichtbar sind, erregen wirklich ihrer Anzahl wegen Erstaunen." Noch zu Hearne's Zeit (1772) zogen diese nördlichen (Tinné-) Indianer das Kupfer „beinahe für jedes Werk-

[1] S. Hearne's Reise nach dem nördlichen Weltmeer. Halle 1797. 117.
[2] Rae in Transact. Ethnolog. Soc. New Series. IV. 148 (1866).

zeug dem Eisen vor, Beile etwa oder Eishacken und Pfriemen ausgenommen. Zu diesen drei notwendigen Stücken aber läßt sich das Kupfer nicht gut benutzen.“ Im Tauschhandel gaben sie gleichgroße Stücken Kupfer für Eisen.[1]

Eine zweite wichtige Kupferquelle für die Indianer war der Kupferfluß oder Athna, der sich unter 60° nördl. Br. in den Stillen Ozean ergießt und eine Menge gediegenes Kupfer auswirft, das wegen seiner Geschmeidigkeit bei allen Stämmen der Nordwestküste im hohen Ansehen stand. Die Anwohner desselben hämmerten es; überall an der Nordwestküste trafen die Entdecker kupferne Lanzen- und Pfeilspitzen bei den Indianern, und wenn Holmberg sagt, daß die Thlinklithen dieses Kupfer zu „schmieden“ verstanden, so ist darunter doch wohl nur ein kaltes Hämmern zu verstehen, da die Bearbeitung der Metalle im Feuer bei allen hier in Betracht kommenden Völkern unbekannt war.[2]

Die dritte und bedeutendste Quelle des gediegenen Kupfers, das von den Indianern Nordamerikas verarbeitet wurde, zugleich das reichste Kupfervorkommen der Erde, ist der Native-Copperdistrikt am Oberen See auf einem Teile der oberen Halbinsel Michigan, doch gehört hier die Verarbeitung bereit der vorkolumbischen Zeit an.[3]

Die Auffindung der alten Kupferbergwerke am Oberen See erfolgte 1847 durch den Ingenieur S. O. Knapp. Einer der Schachte, welchen er untersuchte, war 8,5 m tief und mit Erde und vegetabilischer Masse erfüllt. 5 m von der Oberfläche stieß er auf einen 2,80 m langen Kupferklumpen, der 85 cm hoch und 60 cm dick war und über 6 Tonnen wog. Derselbe ruhte auf einem Pfahlwerk von Holzbalken, das indessen ganz vermorscht war. Kolossale Steinschlägel, bis 18 kg schwer, und kleine Hämmer aus Grünstein und Porphyr, die Geräte der ehemaligen Bergleute, lagen dabei. Auch eine roh gearbeitete Leiter aus Eichenholz und einen auf kaltem Wege hergestellten 10 kg schweren Schlägel aus Kupfer fand Knapp, desgleichen Holzschalen, die bei der Entwässerung des Schachtes gedient hatten. Alle Anzeichen, namentlich die großartigen auf den

---

[1] Hearne a. a. O. 122. 123.

[2] Bancroft, Native Races of the Pacific States. I. 135. — Holmberg, Völker d. russ. Amerika. I. 27.

[3] Die geologischen Verhältnisse des Kupferdistrikts sind geschildert im Geological Survey of Michigan. Upper Peninsula 1869—73. Part. II. Copper bearing rocks, by R. Pumpelly. Danach der Auszug von Dr. E. Schmidt im Archiv f. Anthropologie. XI. 91.

Halden wachsenden Bäume deuteten an, daß dieses Werk schon seit langem verlassen sein mußte. Ähnliche, bis 14 m tiefe Schachte wurden auf Isle Royal im Oberen See entdeckt, und in der Ontonagongegend kann man auf 30 englische Meilen Entfernung die Spuren der alten Kupferbergleute verfolgen.[1]

Wenn es auch auf den ersten Blick scheinen mag, als ob ein anderes Volk als die Vorfahren der heutigen Indianer die Kupferbergwerke am Oberen See betrieb und diese Ansicht in Amerika selbst die herrschende ist[2] — wo man ein besonderes, verschwundenes Volk der Moundbuilders konstruiert hat —, so scheinen mir doch die von Dr. E. Schmidt, der sich eingehend mit dieser Frage beschäftigte, angeführten Gründe durchschlagend, daß es die Vorfahren der jetzigen Indianer waren, welche die Kupfergruben am Lake superior bearbeiteten, und daß der Kupferbergbau erst nach dem Erscheinen der Weißen (infolge auftretender Seuchen etc.) rasch einging.[3]

Dieser Verfall ist äußerst schnell eingetreten und bei den Chippewäs der Gegenwart, die am Oberen See wohnen, ist außer dem Wort für Kupfer *(pewabic)* nichts von dem Bergbau ihrer Vorfahren übrig geblieben. Schon im 17. Jahrhundert, als die alten Jesuitenväter in die Region der Seen vordrangen, betrachteten die Indianer das Kupfer als eine Art von heiligem Stoff. *"Instead of viewing copper as an object of every day use, they regarded it as a sacred Manitou and carefully preserved pieces of it wrapped up in skin in their lodges for many years and this custom has been continued to modern times."*[4] Sehr anschaulich hat dieses der Jesuit Allouez in seiner Relation geschildert: *„L'on trouve souvent au fond de l'eau des pieces de cuivre tout formé, de la pesanteur de dix et vingt livres; i'en ay veu plusieurs fois entre les mains des sauvages et comme ils sont superstitieux, ils les gardent comme autant de divinités, ou comme des presents que les dieux qui sont au fond de l'eau leur*

---

[1] Ch. Whittlesey, Ancient mining on the shores of Lake superior. Smithson. Contr. to Knowledge. vol. XIII. 1863.

[2] *The idea that the Indians formerly worked these mines was abandoned shortly after their discovery. They possess no tradition of copper mines, nor did their ancestors visited by the Jesuit fathers in the early part of the 17th century obtain any intelligence of mines.* Short, The North Americans of Antiquity. New York 1880. 91.

[3] E. Schmidt, Die prähistorischen Kupfergeräte Nordamerikas. Arch. f. Anthropologie. XI. 105.

[4] Whittlesey a. a. O. 2.

*on faits pour estre la cause de leur bonheur; c'est pour cela, qu'ils conservent ces morceaux de cuivre envelopés parmi leurs meubles les plus pretieux; il y en a qui les gardent depuis plus de cinquante ans; d'autres les ont dans leurs familles du temps immemorial, et les cherissent comme des dieux domestiques.*"[1]

Karl Rau hat in seiner wertvollen Abhandlung über die Tauschverhältnisse der Eingeborenen Nordamerikas[2] auch das Kupfer behandelt und wir ersehen daraus, daß das ästige oder zackige gediegene Metall vom Oberen See niemals von den Indianern geschmolzen, sondern nur gehämmert wurde; auch verstanden sie es nicht, dasselbe mit Zinn zu legieren und so Bronze herzustellen, einen Fortschritt, welchen die alten Peruaner und Mexikaner kannten. Trotzdem hatten sie in der Bearbeitung des Kupfers, wie die daraus dargestellten und erhaltenen Gegenstände bezeugen, eine nicht geringe Geschicklichkeit erlangt (Figg. 33—44). Bereits die ersten Reisenden, welche Nordamerika besuchten, fanden Kupferzieraten bei den Indianern, z. B. kupferne Ohrringe. So 1524 Verazzano; auf de Soto's Zuge sah man kupferne Äxte (1539 bis 1543) und Henry Hudson fand, als er 1609 den nach ihm benannten Strom entdeckte, daß die Indianer Pfeifen aus rotem Kupfer hatten. Als Quelle dieser Kupfersachen wurde aber stets die Gegend im Inneren bezeichnet, von wo aus das Metall auf dem Handelswege gekommen war.

In den Mounds sind altindianische Kunsterzeugnisse aus Kupfer gefunden worden, welches seiner eigentümlichen Beschaffenheit nach — es enthält kleine Partien gediegenen Silbers — vom Oberen See stammen muß. Namentlich Squier und Davis[3] haben dieselben beschrieben und abgebildet. Es sind keltartige Äxte, Meißel, spitze Grabstichel, Armringe, Schmucksachen. Während die ersteren alle gehämmert sind, befinden sich unter den letzteren 3—5 cm im Durchmesser haltende runde Scheiben, sowie kleine Metallknöpfe, die geprägt sind. Dr. Rau führt an, daß die aus Kupfer gearbeiteten Gegenstände in den Vereinigten Staaten übrigens ziemlich selten sind und daß auf tausende von indianischen Steingeräten kaum einige Kupfererzeugnisse kommen. „Ihr Vorkommen erstreckt sich von den Großen Seen bis zu den Golfstaaten und von der

[1] Relations des Jésuits. Année 1667. Tome III. 8. Quebecker Wiederabdruck von 1858.

[2] Archiv für Anthropologie. V. 1 (1872).

[3] Ancient Monuments of the Mississippi Valley. Washington 1848. 196 bis 207.

Figg. 33—43. Nordamerikanische gehämmerte Kupfergeräte. Nach SHORTT.

atlantischen Küste bis an den Mississippi und vielleicht noch über denselben hinaus. Nimmt man, wozu man vollständig berechtigt ist, den nördlichen Teil von Michigan als den Punkt an, von wo aus das Metall über diesen Flächenraum verbreitet wurde, so stellt sich die Ausdehnung des Kupferhandels als ziemlich bedeutend dar. Die Schwierigkeiten, welche mit der Gewinnung des Kupfers verknüpft waren, machten dasselbe zu einem wertvollen Gegenstande, der vielleicht in ähnlicher Weise geschätzt wurde, wie in Europa die Bronze in der ersten Periode ihrer Anwendung."[1]

Dr. E. SCHMIDT, welcher sich am eingehendsten mit den prähistorischen Kupfergeräten Nordamerikas beschäftigt hat[2], zeigt, daß die Verbreitung derselben eine ungleiche ist: je näher der großen Seenregion, desto häufiger werden sie gefunden, je ferner, also nach den Küsten des Atlantischen Meeres und des Mexikanischen Golfes zu, desto seltener werden sie. Im Innern des Landes findet man vorzugsweise Beile, Lanzen- und Pfeilspitzen, Messer und Pfriemen, nach der Peripherie hin überwiegen Schmuckgegenstände, Platten, Perlen etc. Den Erhaltungszustand schildert Dr. SCHMIDT als einen meist guten, da das Kupfer zerstörenden äußeren Einflüssen leicht widersteht und die rotbraune Oxydul- oder schwarze Oxydschicht es vor weiterer Zerstörung schützen. Die Geräte bestehen aus fast chemisch reinem Kupfer, dem nur Silber und zwar mechanisch in Schuppen- oder Körnerform beigemischt ist. „Die Verbindung beider Metalle ist so fest, daß es gelingt, beide zusammen zu silberplattierten Kupferplatten auszurecken." Daß die Geräte stets nur gehämmert und niemals gegossen sind, wurde schon hervorgehoben, und ebensowenig war den alten amerikanischen Kupferschmieden das Löten bekannt. Die Versuche, welche Dr. SCHMIDT mit den alten Kupfermessern, Lanzen und Beilen in bezug auf ihre Brauchbarkeit anstellte, ergaben sehr günstige Resultate. Mit einem 10 mm dicken Kupferbeile bearbeitete er Buchen- und Tannenholz, aber nach viertelstündigem Gebrauche war nicht die geringste Scharte daran wahrzunehmen. „Als ich dasselbe Beil dagegen an ganz weichem Stein (pariser Grobkalk) versuchte, machte jeder Hieb starke, rauhe Scharten."[3]

„Prähistorisch" sind diese Kupfergeräte aber nur mit Einschränkung zu nennen. Sie sind in ihrer ganzen Art zu sehr mit jenen verwandt, welche wir bei den weiter nördlicher wohnenden Indianern oben kennen lernten, als daß wir auf ein weit rückwärts entlegenes Volk schließen sollten, von dem sie stammen dürften.

---

[1] RAU a. a. O. 7. Neuere Funde lassen die Geräte indessen nicht mehr selten erscheinen.

[2] Archiv für Anthropologie. XI. 65 ff.

[3] A. a. O. 75.

Wir sehen also die Kupfergeräte und Waffen der nordamerikanischen Indianer wesentlich aus drei verschiedenen Quellen stammen und jede dieser Quellen beherrschte einen geographisch abgegrenzten Bezirk. 1. Vom Kupferminenflusse bezogen die Eskimos und die nördlichen Indianer ihr Kupfer; 2. vom Athna- oder Kupferflusse die Anwohner der pazifischen Küste von der Beringstraße bis Kalifornien; 3. vom Oberen See die Bewohner der heutigen Vereinigten Staaten bis zum Atlantischen Ozean und Mexikanischen Golf. Nach Westen zu scheinen aber die Kupfergegenstände aus dieser Quelle nicht allzuweit vorgedrungen zu sein. In der „Archäology" der *U. S. Geographical Surveys west of the 100th Meridian* ist nirgends von aufgefundenen alten Kupfergeräten oder Waffen die Rede.

Soviel vom Gebrauche des Kupfers bei den nordamerikanischen Völkern. Aber benutzten sie auch das Kupfer, so waren sie darum doch noch nicht in die Metallzeit eingetreten, denn das Material wurde von ihnen wie Stein behandelt. Der große Kulturfortschritt der Behandlung der Erze mit Feuer und die Reduktion derselben durch Kohlen, das Gießen, Schmieden, Löten war den Indianern Nordamerikas unbekannt. Diesen finden wir aber bei den südlicher wohnenden ackerbauenden Völkern, welche bei Ankunft der Europäer in der „Bronzezeit" standen.

---

## Kupfer und Bronze in Mexiko.

In der geographischen Verbreitung der zu Geräten und Waffen von den Amerikanern benutzten Stoffe lassen sich ganz bestimmte und genau geschiedene Bezirke unterscheiden, bei denen die Kulturstufe und das verwendete Material (je nach Ausbildung und Zeit) sich einander decken. Im Norden, also im Gebiete der heutigen Vereinigten Staaten und im britischen Nordamerika, herrschten in der vorkolumbischen Zeit und darüber hinaus die Geräte und Waffen aus Stein und Knochen. Von Metallen verwendete man daneben, aber stets ohne Anwendung von Feuer, Kupfer und meteorisches Eisen. Diese beiden wurden, wie zuerst Dana bemerkte, wesentlich wie weiche Steine angesehen. Von einer Feuerbearbeitung der Metalle, von einem Vorkommen von Bronze, geschweige denn von der Herstellung von Legierungen und künstlerischer Bearbeitung des Metalles ist keine Rede.

Südlich von diesem eben abgegrenzten Gebiete, dessen Bewohner unkultivierte Jäger- und Fischernomaden waren, dehnt sich das Gebiet der Bronze aus, welches mit dem Territorium der Kulturvölker Amerikas zusammenfällt. Die Bronze herrschte, wenn auch keineswegs ausschließlich und im Parallelgebrauch mit anderen Materialien, südlich von 30° nördl. Br. durch das heutige Mexiko, teilweise Centralamerika und dann auf der Südhälfte des Kontinentes in dessen andinischem Westen bis abermals zum 30° südl. Br. Es umfaßte dieses Gebiet die alten Kulturstaaten Mexikos, Kolumbiens und Perus. Was östlich und südlich von diesen lag, nahm wiederum eine ähnliche Stellung in bezug auf die zu Waffen und Geräten verwandten Materialien ein wie der Norden, ja stand noch tiefer als derselbe. Die Jägernomaden des westlichen Südamerika erhoben sich niemals über den Gebrauch der Steine und Knochen. Anfänge des Ackerbaues waren allerdings hier (wie in Nordamerika) vorhanden[1], was sie aber etwa an Metallen besaßen, war wenig und ihnen vom Westen auf dem Wege entlang der großen Flüsse zugeführt. ORELLANA fand auf seiner Fahrt den Amazonas abwärts bei den Omaguas eine kupferne Axt, wie sie in Peru gebräuchlich war; die Guarani aus der Gegend vom heutigen Assuncion am Paraguay führten an der Stirn einen glänzenden Metallschmuck, als sich 1540 ALVAR NUNEZ CABEÇA DE VACA mit einer Expedition zur Aufsuchung einer Verbindung mit dem Hochlande der Anden in ihrem Lande befand[2], und auch dieser Metallschmuck ist zweifelsohne aus dem Westen bezogen worden.

Auch ohne das Eisen zu kennen, waren die mexikanischen und peruanischen Kulturvölker zu einer vergleichsweise hohen Stufe emporgestiegen. Das Kupfer, welches sie zu härten verstanden und die Bronze, welche sie darstellten, lieferten ihnen Ersatz und genügten ihnen, um jene Kunstwerke zu schaffen, welche das Er-

[1] „Es ist ein in Europa weitverbreiteter Irrtum, alle nicht bekehrten Indianer als Nomaden und Jäger anzusehen. Der Ackerbau ist lange vor der Ankunft der Europäer in der neuen Welt betrieben worden und ist noch zu finden zwischen dem Orinoko und Amazonas unter den Waldschlägern, bis zu denen die Missionare nun vorgedrungen sind.“ HUMBOLDT et BONPLAND, Voyage. Relation historique. Paris 1814. I. 460.

[2] CABEÇA DE VACA, Commentaires Cap. 44. In TERNAUX-COMPANS, Voyages etc. pour servir à l'histoire de l'Amerique. 140. *Les naturels — portaient de nombreuses plaques de cuivre, qui, lorsque de soleil frappait dessus, réfléchissaient une si vive lumière, que cela produisait un coup d'oeil merveilleux.*

staunen aller Konquistadoren waren. CORTEZ, in einem seiner Berichte an Kaiser Karl V., ruft aus: „Was kann großartiger sein, als daß ein Barbarenfürst (Montezuma) wie dieser, Nachbildungen in Gold, Silber, Edelsteinen und Federn besaß, von allen Dingen, die unter dem Himmel seines Gebietes zu finden sind; und zwar so natürlich in Gold und Silber, daß es keinen Goldschmied in der Welt giebt, der sie besser machen könnte, und die in Edelsteinen von der Art, daß die Vernunft nicht ausreicht, zu begreifen, mit welchen Instrumenten eine so vollkommene Arbeit gemacht sei.“[1] Im alten Mexiko wurde der Ackerbau mit Hilfe von Bewässerungsanlagen betrieben, alle Künste und Gewerbe blüten, Weberei, Färberei, Malerei, Bilderschrift zeigten einen verhältnismäßigen Grad von Vollendung; die Ruinen der alten Bauten beweisen uns, daß Meister in der Architektur hier hausten, die Verwaltung war eine geregelte, das Hofzeremoniell ein fein durchgebildetes, und wer an der Civilisation des alten Mexiko zweifeln wollte, den werden die von CORTEZ mit Auffallen bemerkten Bettlergilden eines anderen belehren, denn Bettelei kann nur da existieren, wo eine hohe Kultur sich entwickelt hat. Die Bronzeindustrie, wie sie in Mexiko uns entgegentritt, erscheint uns mit ihren schönen Formen, mit ihrer guten Technik erst als ein Ausfluß der hohen Gesamtkultur dieses Volkes. Nicht die geringste Spur und Ursache liegt aber vor, anzunehmen, daß den Mexikanern, wie den amerikanischen Kulturvölkern überhaupt, die Kenntnis der Bronze und ihrer Darstellung von außen her geworden sei. Es ist ganz haltlos, wenn WORSAAE[2] die Äußerung thut, daß bei Mexikanern und Peruanern die gegossenen Metallgeräte „durch fremden Einfluß entstanden sein mögen“. Es paßt ihm das Vorkommen der Bronzen in Amerika nicht in seine unbegründete Hypothese von dem Ursprunge der Bronze in Indien, von wo aus ihre Kenntnis in alle Welt gewandert sein soll.

Die Schilderung der Darstellung und Verwendung der Bronze bei den Mexikanern fällt außerhalb der Grenzen, die wir uns für diese Abhandlung gezogen haben, da wir wesentlich die sogenannten Naturvölker beachten, und es müssen hier einige kurze Andeutungen genügen, die zur Charakteristik der amerikanischen Metalltechnik noch von nöten sind. Die Metalle, welche zur Zeit der Entdeckung im alten Mexiko benutzt wurden, finden wir aufgeführt bei BERNAL DIAZ[3]; es sind dieses Gold, Silber, Kupfer und Blei, die teils in

[1] Drei Berichte des F. CORTEZ etc. Deutsch. Berlin 1834. 112.

[2] Die Vorgeschichte des Nordens. Hamburg 1878. 49.

[3] Hist. de los sucesos de la conquista etc. Madrid 1852. 89.

rohem Zustande, teils zu Schmuck geformt, unter den Marktwaren feilgehalten wurden. Zur Herstellung von Waffen wurden aber die Metalle nicht häufig benutzt, wiewohl solche aus Kupfer und Bronze vorhanden sind, auch giebt es knöcherne. Die Hauptrolle spielte hier der Obsidian, *iztli*, aus dem Schwerter, Sägen, Lanzen- und Dolchspitzen verfertigt wurden[1], so daß hier „Steinzeit" und „Metallzeit" zusammenfielen.

Was das Kupfer betrifft, so erwähnen verschiedene spanische Geschichtsschreiber, daß dasselbe von den Mexikanern sowohl zu Zieraten, als zu Werkzeugen verwendet wurde und als Bezugsquelle werden die Gebirge von Zacotollan angegeben.[2] Es war nicht nötig, dies Metall aus dem Norden, von den großen Vorkommnissen gediegenen Kupfers am Lake superior zu beziehen, wiewohl wir durch Ch. Rau wissen, daß es von dort aus auf dem Handelswege sehr weit verbreitet wurde. Die Mexikaner verstanden es, ihr Kupfer derart zu härten, daß sie mit den daraus dargestellten Beilen Bäume fällten[3], ja, man benutzte solche Beile nach Herrera zu Bergwerksarbeiten *en lugar del hierro, porque corta como acero.*[4] Der Mexikaner J. Sanchez hat neuerdings eine ganze Reihe altmexikanischer Kupfergeräte zusammengestellt.[5] Die Coatl, heute *coa* genannt, mit welcher man die Erde umgrub, bestand aus Kupfer und hatte (nach Clavigero) einen Holzstiel. Ein kupferner Discus von 28 cm Durchmesser wurde zu Zapotlan (Jalisco) entdeckt. *Es una pieza trabajada á martillo y cincel.* Mit letzterem war wohl die menschliche Figur in der Mitte, ein Götzenbild mit Strahlenkrone, eingraviert. Aufsehen hat der Fund des Kapitän Dupaix im Anfange unseres Jahrhunderts zu Zocho Xocotlan (Oajaca) gemacht; er entdeckte zwei große irdene Gefäße, die 276 Stück Tförmige Kupfergeräte von 11 cm Länge und 15 cm Breite enthielten (Fig. 44). *Este instrumento antiguo de cobre rojo y muy fino es de fundicion y no de martillo.* Sind es die von Torquemada erwähnten Tförmigen Münzen? Letzterer schreibt: *En*

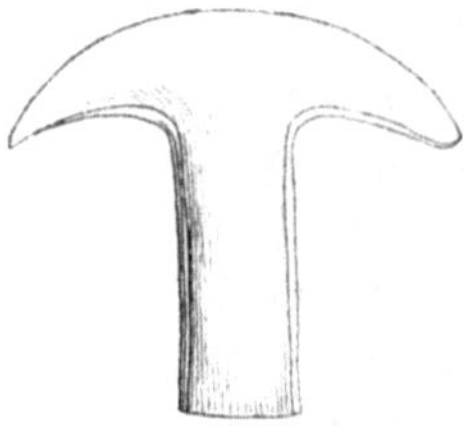

Fig. 44. Kupfergerät von Zocho - Xocotlan. Nach Dupaix.

[1] Clavigero, History of Mexico. Translated by Cullen. London 1787. II. 368.

[2] Clavigero a. a. O. [3] Petr. Martyr, Dec. V. Lib. X.

[4] Bastian, Kulturländer des alten Amerika. II. 663.

[5] El congresso internacional de Americanistas y el cobre entre los Aztecas. Anales del Museo nacional de México. I. 387 (1879).

*otras (partes) usaban mucho de unas monedas de cobre casi de hechura de Tau.*[1] Andere halten diese Objekte für kleine Beile. Wie SANCHEZ anführt, besitzt das Museum in Mexiko auch einige kupferne Nadeln aus alten Gräbern, kupferne Ringe und aus einem Tumulus in Huasteca Schildkröten aus Kupfer, *formadas de varias piezas.* Von den von verschiedenen alten spanischen Autoren erwähnten kupfernen Lanzenspitzen der Mexikaner findet sich im Museum aber kein einziges Exemplar.[2]

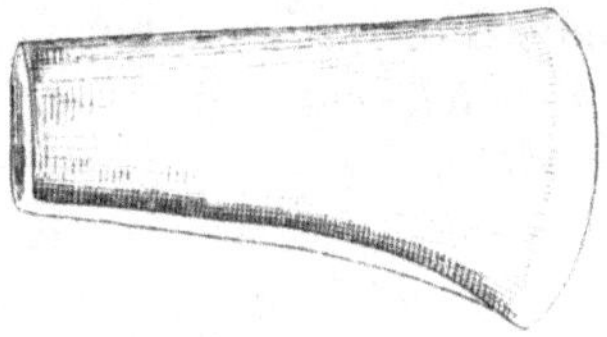

Fig. 45. Kupferaxt von Venis Meicis. Nach PUTNAM.

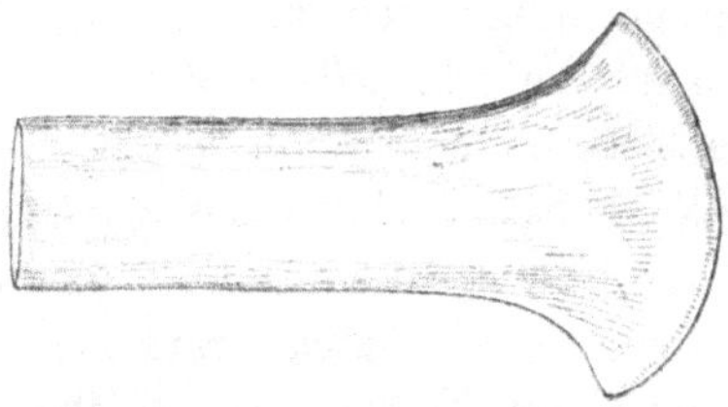

Fig. 46. Kupferaxt von Tlacolula. Nach PUTNAM.

Die im Peabody-Museum befindlichen gegossenen Kupferbeile aus Mexiko sind von J. W. PUTNAM beschrieben worden.[3] Das älteste Stück ist eine etwa centimeterdicke Axt, 7,4 cm lang und 4 cm breit, welche aus einem Tumulus von Venis Meicis im Staate S. Luiz Potosi stammt (Fig. 45). Diese Axt ist in einer Form gegossen und durch Hämmerung vollendet. Mit ihr zusammen wurden Figürchen aus Thon, zahlreiche Spinnwirtel, drei Vasen, Obsidiansplitter und ein Steinmörser gefunden.

Fig. 47. Kupfergerät von Teotitlan del Valle. Nach PUTNAM.

Einen zweiten Typus vertreten die 1881 zu Tlacolula im Staate Oajaca gefundenen, aus sehr reinem Kupfer bestehenden Äxte, von denen sechs Stück in das Peabody-Museum gelangten, die größte mißt 15 cm in der Länge und 6 cm in der Breite. Die Stärke übersteigt nicht 8 mm, wechselt jedoch sehr, namentlich nach der durch Hämmerung verdünnten Schneide zu, während die Axt sonst gegossen ist (Fig. 46).

Die dritte Form, welche mit den Tförmigen Äxten von DUPAIX, die oben erwähnt wurden, übereinstimmt, wurde zu Teotitlan del

[1] Monarquia Indiana. II. 560. [2] SANCHEZ a. a. O. 394.

[3] Notes on copper implements from Mexico. Proceedings of the Americ. Antiqu. Soc. Octobre 1882.

Valle zwischen Oajaca und Mitla gefunden (Fig. 47). Es erscheint dieser Typus als Ackerbauinstrument.[1] Die konvexe Schneide ist 14, die Länge (mit dem Stiel aus Kupfer) 16 cm — immerhin für eine Schaufel etwas klein und eher den Schabemessern der Gerber entsprechend. Vier, nicht näher beschriebene, von Charnay mitgebrachte Kupferäxte aus Mexiko, sind im Pariser ethnographischen Museum.[2] Letzteres besitzt auch aus der Kollection Pinart sehr hübsche mexikanische Schellen aus Kupfer.[3] Die Kleinheit aller bisher gefundenen mexikanischen Kupfer- und Bronzegeräte weist darauf hin, daß diese Metalle bei den Mexikanern immerhin noch verhältnismäßig wenig häufig waren, was auch mit der relativen Seltenheit der Funde im Zusammenhang steht.

Als Cortez im Jahre 1524 dazu schritt, sich in Mexiko selbst Geschütze zu gießen, fand er zu diesem Zwecke wohl Kupfer vor, „aber kein Zinn, ohne welches die Stückgießerei unmöglich ist“. Nur schwierig trieb er zu diesem Zwecke (europäische) Zinnteller und sonstige Gefäße zusammen, aber dieser Vorrat war bald erschöpft. Doch bald fand er unter den Eingeborenen der Provinz Tachco (Tasco) Stückchen davon „nach Art sehr dünner Münzen“, die dort als Geld cirkulierten und daselbst gewonnen wurden. Kurz darauf hatte Cortez die Zinngruben entdeckt, die er nun von Spaniern mit eisernen Werkzeugen bearbeiten ließ.[4] So waren also die Stoffe zur Bronzebereitung vorhanden. Die mexikanischen Bronzen enthalten im Durchschnitte 9—10 % Zinn und sind wohl geeignet, die härtesten Stoffe zu bearbeiten, doch sind sie nur selten, auch wurde Bronze wenig zu Waffen benutzt. Sehr schöne, in der Stadt Mexiko ausgegrabene Bronzebeile (neben Glöckchen und Nadeln aus dieser Legierung) besitzt die Christy Collection.[5] Ein 98 mm langer, oben cylindrischer, nach unten zu prismatischer, an der Schneide schräg abgeschnittener Bronzemeißel liegt im Nationalmuseum zu Mexiko. Die Legierung besteht aus 97,9 % Kupfer, etwas über 2 % Zinn und geringen Mengen Gold und Zink. Die

[1] Nur der spätere Clavigero erwähnt das oben schon beschriebene, *coatl* genannte Ackerinstrument aus Kupfer mit Holzstiel. Steffen (Die Landwirtschaft bei den altamerikanischen Kulturvölkern. Leipzig 1883. 22) hebt hervor, daß die alten Quellen hiervon nichts sagen, sondern nur von Holzschaufeln sprechen. Bis jetzt seien noch keine Funde von anderen Ackerbauinstrumenten gemacht worden.

[2] Revue d'Ethnographie. II. 367.

[3] Daselbst. II. 441 nebst Abbildung.

[4] Drei Berichte von F. Cortez an Karl V. Berlin 1834. 471.

[5] Tylor, Anahuac. 138.

Anwesenheit des letzteren Metalls läßt das Alter des Instrumentes zweifelhaft erscheinen.[1]

Als Kolumbus auf seiner vierten Reise 1502 bei der Insel Guanaja (Isla de Pinos) landete, traf er auf eine yukatekische, 2 m breite und aus einem Baumstamme hergestellte Galeere, deren Ladung aus verschiedenen Produkten heimischer Industrie bestand, darunter wieder eherne Glöckchen und Äxte, Tiegel mit Deckeln zum Schmelzen des Kupfers und daneben hölzerne Schwerter mit Zähnen von Feuerstein (Obsidian) besetzt.[2] Stein- und Metallzeit waren hier also gleichsam an Bord vereinigt und die ausdrücklich erwähnten Schmelztiegel für Kupfer lassen uns wenigstens einiges von den metallurgischen Prozessen der Mexikaner ahnen.

Wohl erzählen die alten Autoren, daß die Mexikaner die Metalle mit Feuer bearbeiteten und die erhaltenen Werke bestätigen dieses durch den Augenschein; über die Methode und die dabei angewendeten Geräte bleiben wir aber im Unklaren, doch dürfen wir etwa annehmen, daß das Ausschmelzen des Kupfers in derselben primitiven Weise erfolgte, wie sie etwa heute bei den Negern ausgeübt wird. Die alten Mexikaner verstanden es zu schmelzen, zu gießen, zu treiben; gelötete Metallsachen sind mir nicht bekannt geworden. Einige Andeutungen über die Art, wie die Indianer die Metalle behandelten, giebt uns Augustin de Zevallos, der 1614 aus Granada in Nicaragua einen Brief an König Philipp III. sandte, welcher sich mit dem damaligen Zustande des heutigen Costarica befaßte, wo die Eingeborenen noch in ziemlich ungebrochenem Zustande lebten. Sie gaben im Tausch die Produkte ihres Landes, unter denen Zevallos erwähnt „Stücke Goldes in Form von Adlern, Schlangen, Kröten, Spinnen, Medaillen, Schaumünzen und andere Machwerke, die sie in den verschiedensten Formen anfertigen, indem sie das in Thonpfannen geschmolzene Gold in Formen gießen“. Das Gold wurde, wie Zevallos hervorhebt, mit Kupfer legiert und die Schaumünzen *(patenas)* wurden durch Hämmern erzeugt.[3]

Daß wir so dürftig über die Metalltechnik dieses alten amerikanischen Kulturvolkes unterrichtet sind, liegt auch wesentlich mit darin, daß nach der Ankunft der Spanier und nach der Einführung des Eisens eine schnelle Vernichtung der heimischen Metall-

[1] G. Mendoza, Un cincel de bronce de los antiguos Aztecas. Anales del Museo nacional de Méjico. I. 117.

[2] Peschel, Zeitalter der Entdeckungen. 369.

[3] Polakowsky, Bericht des Franziskanermönchs A. de Ceballos über die Provinz Costarica. Jahresbericht d. Ver. f. Erdkunde zu Dresden. 1883. 123.

industrie eintrat. Cortez hebt selbst in seinen Berichten an Karl V. hervor, daß nach der Konquista die Künste und bewunderten Kunstprodukte der Eingeborenen schnell verschwanden. Diesem bald vollständigen Verfall haben wir es auch zuzuschreiben, daß der verspäteten Aufmerksamkeit der Beobachter vieles und wichtiges auf dem uns interessierenden Felde entgehen mußte.

Die zuerst nach Mexiko gelangten Spanier, welche die dortigen Gußwerke sahen, waren erstaunt darüber, und die europäischen Goldschmiede konnten nicht genug die Arbeiten ihrer mexikanischen Genossen bewundern, welche Cortez an Karl V. gesandt hatte. Die Nachbildungen nach der Natur galten als außerordentlich treu; gegossen waren ein Fisch, dessen Schuppen abwechselnd aus Gold und Silber bestanden, ein Papagei mit beweglichem Kopfe und beweglichen Flügeln; ein Affe, dessen Kopf und Füße beweglich waren. Diese Kunst, deren Erfindung man dem Gotte Quetzalcoatl zuschrieb, ist den späteren Indianern verloren gegangen. Auch das Treiben mit dem Hammer verstand man, wenn auch in dieser Beziehung die Arbeiten mit den gleichartigen europäischen keinen Vergleich aushielten; das Kupfer wurde mit Steinen gehämmert. Gießer und Goldschmiede bildeten in Mexiko eine angesehene Korporation, deren Schutzgott Xipe war. Zu seinen Ehren wird im zweiten Monat ein Fest abgehalten, bei dem man Menschenopfer darbrachte.[1]

Wenig ist, was wir vom Bergbau wissen. In Michoacan soll derselbe sehr primitiv gewesen sein. Weiter war man im eigentlichen Mexiko, wo die Azteken es verstanden, Stollen mit Galerien zu schlagen und Schachte zur Kommunikation wie zur Lüftung anzulegen. Das zerkleinerte Erz wurde, wie Sahagun erzählt, mit drei verschiedenen Arten von Kräutern gemischt(!) und dann in Öfen geschmolzen.[2] Als im Jahre 1873 Sanchez Nachforschungen nach der *veta de Cobre* (Kupferader) im Cerro del Aguila im Staate Guerrero anstellte, durchstieß ein Peon mit seiner Stange den Boden dergestalt, daß sie völlig verschwand. Man entdeckte infolge dessen eine alte 3 m breite und 1,50 m tiefe Aushöhlung, auf deren Boden eine reiche Kupferader verlief. Es zeigte sich, daß man es mit einem alten Bergbau zu thun hatte; am Hangenden entdeckte man Spuren von der Wirkung des Feuers und 142 Schlägel aus

[1] Clavigero, History of Mexico. Translated by Cullen. London 1787. I. 413.

[2] Waitz, Anthropologie der Naturvölker. IV. 104.

Stein von verschiedener Form und aus einem der Grube fremden Gesteine zeigten, womit das Erz abgebaut worden war.[1]

In den südlichen und östlichen Nachbarländern Mexikos scheint das Kupfer keine große Rolle gespielt zu haben. In Yukatan werden keine Metalle gefunden und wenn dort bei den Mayas neben Pfeilspitzen aus Feuerstein und Fischgräten solche aus Kupfer vorkamen, so muß hierbei an den Import von Mexiko gedacht werden.[2]

Dagegen ist Nicaragua reich an Kupfer und die Insel Ometepec im Nicaraguasee ist als der Fundort kleiner, gutgearbeiteter Goldidole und von Figürchen aus Terracotta bekannt geworden. Auch hat man einzelne Kupfergeräte dort gefunden; Squier erhielt eine Maske aus Kupfer, welche einen Tigerkopf darstellt.[3] Aber der Ursprung dieser Maske erscheint *extremely problematical*[4], da sie als einziges Kunstwerk ihrer Art in dem kupferreichen Lande auftritt und nichts anderes ihr nach Stil und Stoff verwandtes dort gefunden worden ist.

---

## Die Metalle bei den Chibchas.

Jener Teil der Kordillere, dessen westlichen Fuß der Rio Magdalena bespült und der, in nordöstlicher Richtung streichend, die Hochebenen von Bogotá und Tunja bildet, südlicher aber in den einsam stillen Regionen des *Paramo de la suma Paz* gipfelt, wurde zur Zeit der spanischen Konquista von dem Chibchavolke bewohnt, welches die Spanier irrtümlich Muyscas genannt haben. Die Kultur, welche die Konquistadoren bei ihnen antrafen, war selbständig entstanden, nicht in Abhängigkeit von jener Mexikos. Gold, Silber, Kupfer und Bronze waren in beiden Hälften Amerikas unabhängig von einander dargestellt worden. Die mexikanische Metallurgie läßt sich vielleicht bis Nicaragua oder zum Isthmus von Panama verfolgen — hier aber hören aztekische Einflüsse auf und ein neues Kulturreich beginnt. So war es zur Zeit der Eroberung, doch würde es wohl nur noch kurzer Zeit bedurft haben und die nördlichen und südlichen Kulturvölker wären in Austausch

---

1 J. Sanchez a. a. O. 2 Bancroft a. a. O. II. 742. 743.

3 Squier, Nicaragua. New York 1852. II. 87. 89.

4 Bancroft a. a. O. IV. 67.

getreten, wenn nicht die Hand der Konquistadoren sich vernichtend und eine fremde Kultur an die Stelle setzend, schwer auf sie gelegt hätte. Von einer Verbindung der Chibchas und Peruaner mit den Mexikanern ist uns nichts bekannt geworden. Die Metalle sind, das Eisen ausgenommen, hier wie da selbständig dargestellt worden und hier wie da mehr ausnahmsweise und neben dem die Hauptgeräte und Hauptwaffen bildenden Steine im Gebrauche gewesen.

Fig. 48. Bronzefigur der Chibchas. Nach LEEMANNS.

Zur Zeit der Konquista lebten die Chibchas in einer relativ vorgeschrittenen Kultur, die indessen nicht auf die Höhe der mexikanischen oder peruanischen Gesittung hinaufreichte. Ihre Kulturstufe lag zwischen jener des polierten Steines und der ihnen bekannten Bronze. In einem an Metallen reichen Lande wohnend, wo das Gold sich ihnen im gediegenen Zustande leicht offenbarte, haben die Chibchas frühzeitig die Bearbeitung der Metalle gelernt, wie die noch erhaltenen Gegenstände beweisen. Eigentümlich im Stile sind namentlich die häufigen Goldfigürchen, während die Bronzen weit seltener sind. Eine solche (Fig. 48), eine rohe menschliche Figur, in dem bekannten Stile jenes Landes ausgeführt, 12,50 cm lang, mit über der Brust gekreuzten Armen und männlichem Geschlechtsteile, befindet sich als die einzige ihrer Art neben 13 ähnlichen Goldfiguren im Leidener Museum.[1]

LEEMANNS sagt, diese Bronzefigur sei von gleich roher Arbeit, wie die von ihm geschilderten Goldfigürchen, und die Abbildung deutet auf gleiche Technik. Nach LEEMANNS sind die Figuren teils mit dem Hammer und dem Lötrohr hergestellt, teils in Formen gegossen. Die ersteren bestehen aus einer Platte, der man die allgemeinen Formen gegeben hat und auf welche man dann die einzelnen Körperteile und Details aus Metallfäden aufgelötet hat.

Von den den Chibchas verwandten und auf einer ähnlichen Gesittungsstufe stehenden Eingeborenen des heutigen kolumbischen Staates Antioquia wissen wir, daß sie zur Zeit der Entdeckung

---

[1] LEEMANNS, Congrès des Americanistes. Luxembourg 1877. II. 286. Fig. 14.

sehr verschiedene Geräte und Waffen aus Stein besaßen, daß daneben aber auch die Metallindustrie es zu einer nicht unerheblichen Ausdehnung gebracht hatte. Man hat die gravierten Steinformen gefunden, in denen Goldblättchen geschlagen wurden, und Meißel aus einer Goldkupferlegierung, die hart genug zur Bearbeitung des Steines waren. In dem goldreichen Staate sind zahlreiche Gegenstände und charakteristische Figürchen aus Gold gefunden worden, und die heutigen Bewohner erzählen sich, die alten Indianer hätten es verstanden, mittels Kräutern das Gold zu erweichen und dann wie Wachs mit der Hand zu formen. In der That verstanden sie es, das Gold im Feuer zu bearbeiten, nicht bloß zu hämmern und zu treiben, wie die Guß- und Lötstellen an den Figürchen deutlich zeigen; auch wissen wir, daß VADILLO in Buritica bei den Indianern kleine Öfen, Formen und andere Werkzeuge, um das Gold zu verarbeiten, antraf. Bei Santa Marta hat man eine ganze Bevölkerung von Goldschmieden getroffen, welche als *tairona,* d. h. die Schmiede, bezeichnet wurde. Die Indianer konnten also das Gold schmelzen und gießen, ziselieren und löten; die Geräte, welche sie hierzu benutzten, bestanden teils aus einer Goldkupferlegierung, teils aus Stein.

Das Gold, dessen sie sich zu ihren Werken bedienten, war 12- oder 14karätig. Die dargestellten Gegenstände sind meistens Schmucksachen, Ohrringe und Nasenanhängsel von sehr verschiedenen Formen und teilweise aus Filigran, sehr biegsame Gürtel, Brustplatten, Vasen, Kelche, Haken und namentlich Figuren von Menschen und Tieren, zumal Kröten, Eidechsen, Vögel und Fische, niemals aber Früchte oder Blumen.[1]

---

## Kupfer und Bronze in Peru.

„*No tenian herramientas de hierro ni azero*“, berichtet ONDEGARDO von den Inkaperuanern, wiewohl ihr Boden ungemein reich an Eisen ist. Dagegen waren sie in der Kunst, andere Metalle darzustellen, zu schmieden, zu gießen, ja selbst zu löten, weit vorgeschritten. Gold, Silber, Kupfer, Blei und Zinn waren im metallischen Zustande bekannt.

[1] Dr. POSADA ARANGO in Mém. d. l. soc. d'Anthropol. 2. série. I. 211.

Da für uns hier dieselben Gesichtspunkte bei der Beurteilung der Metallkenntnisse dieses altamerikanischen Kulturvolkes maßgebend sind, wie bei den Mexikanern, so vermögen wir auch hier nur einen kurzen Überblick zu geben. Bergbau, wie derselbe heute noch auf den peruanischen Kordilleren in der Nähe von Yauri, 4000 m über dem Meere, viele tausende von Indianern beschäftigt, und zwar nach den von ihren Voreltern vererbten Methoden, war die Hauptbeschäftigung eines großen Teiles der Eingeborenen. Sie förderten das Erz aus Schachten, die noch erhalten sind und bauten Öfen *(guairas)* aus Thon, um es mit Holz und Holzkohlen zu schmelzen. Diese Öfen hatten einfache Luftzüge, denn Blasebälge waren den Inkaperuanern unbekannt und wurden erst durch die Spanier eingeführt.[1] Die peruanischen Goldschmiede arbeiteten ebenso kunstvoll wie die mexikanischen. Ihre Gußmodelle waren aus Wachs und die getriebenen Arbeiten zeichnen sich durch große Sauberkeit und Kunstfertigkeit aus. Die Gräber der Inkas, ebenso deren Schatzkammern, lieferten zahlreiche Beweise künstlerischer Thätigkeit in der feineren Bearbeitung edler Metalle, wie Halsschmucke, Armspangen, Vasen aus reinem Gold, Spiegel aus poliertem Silber, sehr empfindliche Wagen aus Silber, zierliche Glocken aus Silber und Bronze, gewöhnlichere Geräte aus Kupfer und Bronze — sie alle geben Zeugnis von der erlangten Fertigkeit der alten Peruaner in der Metalltechnik.

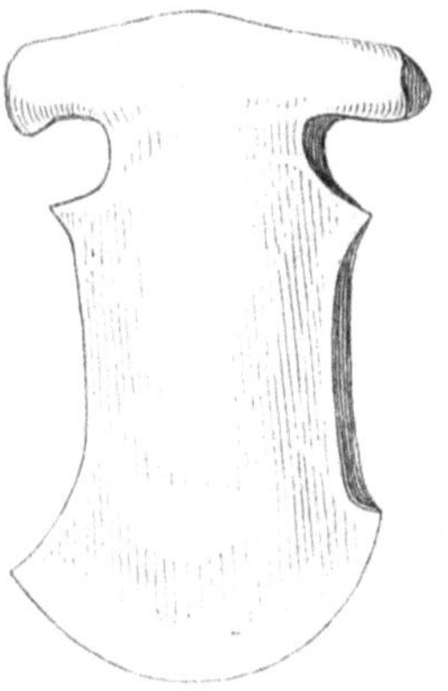

Fig. 49. Gegossener Kupferhammer aus Chile. Nach EWBANK.

Wie das Kupfer dargestellt wurde, wissen wir nicht, und im gediegenen Zustande kommt es im Lande nicht vor. Möglicherweise reduzierten sie dasselbe in einem der oben angeführten Öfen oder sie importierten dasselbe aus Chile.[2] Bis vor nicht langer Zeit waren überhaupt nur wenige, im Museum zu Lima befindliche Gegenstände aus Kupfer in Peru gefunden worden, einige Idole, Stäbe von Meterlänge und Schlangen[3]; seitdem sind aber weit mehr Kupferobjekte entdeckt worden, wie deren denn die MACEDO'sche Sammlung, jetzt im Berliner ethnographischen Museum befindlich,

[1] WAITZ, Anthropologie der Naturvölker. IV. 444.
[2] RIVERO and TSCHUDI, Peruvian Antiquities. New York 1853. 215.
[3] RIVERO and TSCHUDI a. a. O. 222.

allein 48 aufweist, darunter Beile, Morgensterne, Idole, Tierfiguren, Scheiben, Halbmonde etc.[1]

Mit ihren Eroberungen trugen die Inkaperuaner ihre Kultur auch weiter nach Süden und auf sie dürfen auch die alten Kupfergeräte zurückgeführt werden, welche in Chile gefunden wurden. Ein 1,60 kg schwerer gegossener Kupferhammer (Fig. 49) stammt aus einer Quebrada der Provinz Atacama, gelegen unter 26° 42′ südl. Br., nicht fern vom Camino de los Incas. Er ist viel gebraucht und, wie Schlagmarken beweisen, durch Hämmern wieder geschärft, nachdem die Schneide abgenutzt war.[2] Da die Peruaner das Zinn und seine Legierung mit Kupfer, sowie die daraus für das letztere sich ergebende Härtung kannten, so ist anzunehmen, daß die Kupfergeräte älter als jene aus Bronze sind. Nachdem jener Fortschritt einmal erkannt war, mußte die Herstellung von Kupferbeilen etc. von selbst fortfallen.

In der That ist die Bronze weit häufiger verbreitet unter den alten Funden in Peru als Kupfer und man verstand sie von so vortrefflicher Härte darzustellen, daß sie zur Anfertigung der schwierigen unter den Inkas ausgeführten Bauten genügte. Ein in den alten, zur Inkazeit bearbeiteten Silbergruben in der Nähe Cuzcos gefundener Bronzemeißel, welchen Humboldt nach Europa brachte, enthielt nach Vauquelin's Analyse 96 Teile Kupfer und 4 Teile Zinn.[3] Etwas anderer Art ist die Zusammensetzung des „Morgensterns“ beschaffen, den David Forbes analysieren ließ und der bei Sorata gefunden wurde. Er enthielt 88% Kupfer und 11,4% Zinn, sowie Eisen und Silber in geringer Menge.[4] Peruanische, aber in Chile am Flusse Maypa gefundene Bronzen enthielten dagegen wieder, ähnlich wie der Bronzemeißel Humboldt's, 6% und 5% Zinn.[5] Ein von Boussignault analysierter Bronzemeißel aus Steinbrüchen, welche zum Teil das Plattenmaterial der langen Straße von Quito nach Cuzco lieferten, bestand aus 95% Kupfer und 4,5% Zinn, sowie etwas Blei, Eisen und Spuren von Silber.[6] Eine konstante Mischung von Zinn und Kupfer, wie wir sie als maßgebend für Bronze ansehen (9 Kupfer, 1 Zinn), ist daher in Peru nicht

[1] Catalogue d'objets archéologiques du Perou. Paris 1881.

[2] Thomas Ewbank in U. S. Naval astronomical expedition. Washington 1855. II. 112 und Taf. VIII.

[3] Vue des Cordillères. 117.

[4] Journ. Ethnolog. Soc. New Series. II. 261 (1870).

[5] Ewbank a. a. O. II. 114.

[6] Acad. des sciences de Paris. Séance du 26. Fevr. 1883.

vorhanden gewesen. Die mexikanischen Bronzen zeigen eine andere Zusammensetzung als die peruanischen, was wieder für die Unabhängigkeit beider Bronzereiche spricht.

Eine der Hauptfundstätten für peruanische Bronzen ist Chimu an der Küste bei Truxillo gewesen, wo Waffen und Geräte so massenhaft vorkamen, daß sie zentnerweise verkauft wurden. Viele derselben gleichen in der Form europäischen Bronzekelten und wurden wohl ähnlich wie diese benutzt. Die Abbildung Fig. 50 ist ein Durchschnittstypus dieser Art und 22 cm lang; ganz gleiche Ackerwerkzeuge werden heute noch in Nicaragua gebraucht, nur ist Eisen an die Stelle der Bronze getreten; man benutzt sie zum Umgraben des Bodens. Doch der Peruaner hatte Ackerwerkzeuge, welche unserem Spaten in der Form näher kamen, wie Figg. 51 und 52 zeigen. Der glatte Spaten ist 25 cm lang und 10 cm breit, der ornamentierte 30 cm lang und 10 cm breit. Auch ein Ackerwerkzeug mit gekrümmter Schaufel (Fig. 53) ist in Chimu gefunden worden. Es ist 25 cm lang.

In großer Anzahl sind in Peru eigentümlich gestaltete Geräte gefunden worden, welche in der Form sich stets gleich bleiben, in der Größe aber von wenigen Centimetern bis zu einer Länge von fast 60 cm wechseln und scheinbar aus einer dünnen, aber festen Bronzeplatte geschlagen sind. Das untere, halbmondförmige Ende ist stets zugeschärft, das obere, gerade abgeschnittene aber nur gelegentlich. Squier hält dieses Instrument (Fig. 54) für eine Kelle, welche bei der Anwendung des Thones beim Bau oder in der Töpferei Verwendung fand. Als Messer der Peruaner werden eigentümlich halbmondförmige und mit einem zuweilen ornamentierten Stiele versehene Geräte aus Bronze bezeichnet, welche die Gestalt von Figg. 55 und 56 zeigen.

Die häufigsten Bronzegeräte der Peruaner sind Lanzenspitzen verschiedener Form, breit und schwer oder zierlich schlank und leicht. Sie sind bis 50 cm lang gefunden worden, während die Bronzepfeilspitzen 5—10 cm lang waren. Auch Morgensterne oder Cassetêtes von der Form wie Fig. 57 haben die Peruaner aus Bronze hergestellt.[1] Daß die Peruaner ihre Bronzekultur nach Süden ausbreiteten, wurde bereits erwähnt. Doch sind die Bronzefunde aus Chile, dessen Eroberung in der Mitte des 15. Jahrhunderts durch den Inka Yupanki erfolgte, nicht häufig. Ihr Typus ist rein peruanisch.[2]

[1] G. Squier, Peru. London 1877. 174 ff.

[2] Medina, Los Aboríjenes de Chile. Santiago 1882. 333—413.

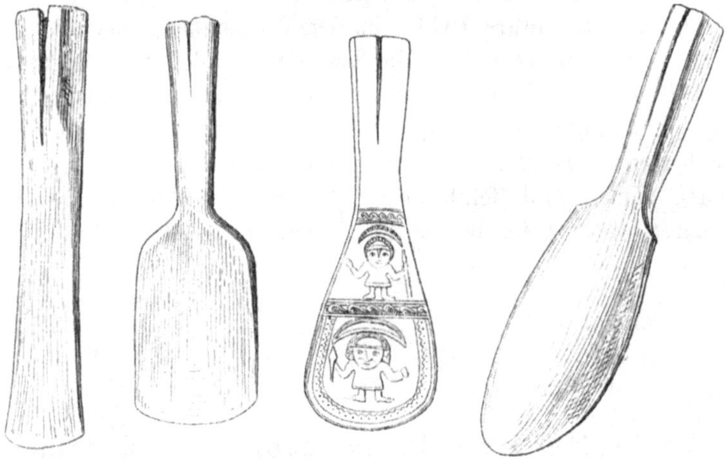

Fig. 50—53. Peruanische Ackergeräte aus Bronze. Nach SQUIER.

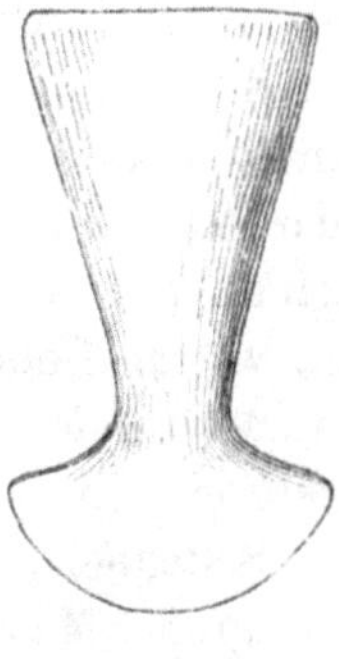

Fig. 54. Peruanische Maurerkelle. Nach demselben.

Fig. 55. Peruanisches Bronzemesser. Nach demselben.

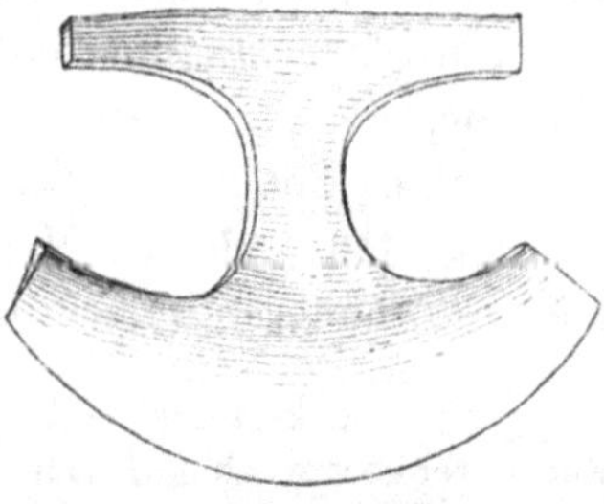

Fig. 56. Peruanisches Bronzemesser. Nach demselben.

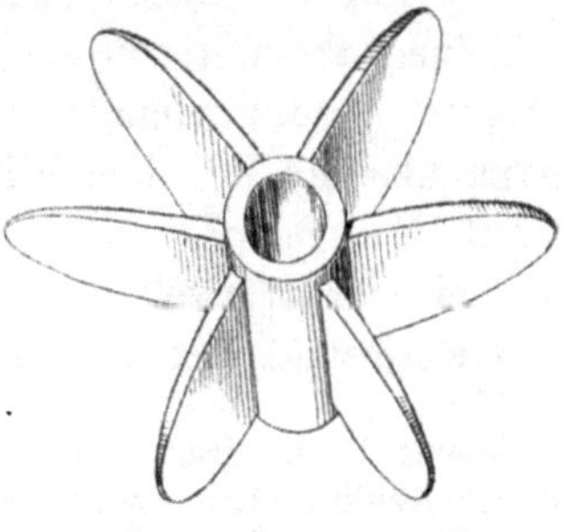

Fig. 57. Peruanischer Morgenstern. Nach demselben.

Auf dem berühmten peruanischen Friedhofe von Ancon bei Lima wurden im Jahre 1877 von dem Reisenden Leon de Cessac fünf Metallbänder gefunden, die um die Schädel dort Begrabener gewickelt waren. Zum Teil bestanden sie aus einem Gemisch von Kupfer und Gold, oder Kupfer, Gold und Silber; eins derselben aber bestand aus Messing, denn es enthielt 62,90 % Kupfer und 32,04 % Zink. Zink fehlt aber in Peru; das Messing kann also nur durch die Spanier in das Land gekommen sein.[1]

---

## Die Verbreitung des Eisens über die Südseeinseln.

Das Bekanntwerden mit dem Eisen. Auf den Südseeinseln verbreiteten zunächst die Spanier das Eisen. Das tahitische Wort für dieses Metall, welches die Eingeborenen bei Cook's Anwesenheit gebrauchten, nämlich *yuri*, ist aus *hierro* entstanden. Als Olivier van Noort im Jahre 1600 nach der Insel Guaham (Ladronen) kam, verlangten die Eingeborenen für ihre Landesprodukte von ihm *hierro*. Als Roggeween 1727 auf dem flachen Eilande O-Anna eins seiner Schiffe verlor, erhielten die Südseeinsulaner neue Eisenvorräte. So gelang es ihnen auch, die Anker, welche Bougainville im Hafen O-Hiddia (Tahiti) zurückgelassen, vom Grunde des Meeres aufzufischen, und der König von Tahiti schickte ein Stück derselben dem Könige Opuni von Borabora, als eine Seltenheit, zum Geschenke. Die englischen Entdecker brachten große Massen Eisen auf die Südseeinseln. Selbst die kleinsten Stückchen des wertvollen Metalles wurden von den Insulanern mit der größten Sorgfalt aufgehoben. Als J. R. Forster nach Tongatabu kam, verkaufte man ihm einen ganz kleinen, sorgfältig in ein Heft gefaßten Nagel, der ohne Zweifel von Tasman (1643) stammte und sich 130 Jahre lang erhalten hatte. Forster übergab ihn dem britischen Museum.[2]

Auf Neuseeland wurde das Eisen durch Cook eingeführt. Schon bei seinem zweiten Besuche 1773 machten sich die Maori am Charlottesund nichts mehr aus Korallen, Bändern, Papier und

---

[1] Revue d'Ethnographie. I. 74 (1882). Das große und kostbare Werk von Reiss und Stübel über das Todtenfeld von Ancon vermochte ich mir nicht zu verschaffen.

[2] J. R. Forster's Bemerk. auf seiner Reise um die Welt. Berlin 1783. 321.

ähnlichen Dingen, da sie den Wert des Eisens erkannt hatten; sie wollten Nägel und Beile haben, die sie nun durch die Erfahrung hatten schätzen lernen. Bei der ersten Anwesenheit COOK's dagegen hatten sie sich gegen Eisen ganz gleichgültig gezeigt, da sie von dessen Nutzen damals noch keinen Begriff hatten. Ebenso war es an der Duskybai, wo die Eingeborenen Beile und Nägel, die man ihnen gab, nicht wieder aus den Händen ließen, während sie sich aus anderen Dingen nichts machten. Der Mann, dem COOK damals 9 oder 10 Beile und 40 große Nägel schenkte, war „der reichste in ganz Neuseelånd".[1] Überall stand bald das schwarze Metall in hohem Werte und auf Huaheine erhielt COOK für wenig Eisen ganz ungeheuere Vorräte von Schweinen, Hunden und Hühnern.[2]

Daß einzelne Stückchen Eisen auf Handelswegen sich weit über den ozeanischen Archipel vor der Ankunft der Europäer verbreitet hatten, wird mehrfach bestätigt. Als 1783 das Schiff „Antilope", Kapitän WILSON, auf den Palauinseln strandete, stahlen die Eingeborenen, die hier zuerst mit Europäern in direkte Berührung kamen, sofort das Eisen und setzten es an die Stelle ihrer Muschelschneiden an den Äxten; doch ein Zeichen, daß sie den Wert dieses Metalles schon zu würdigen wußten. Das Eisen war in der That schon früher, wiewohl als große Seltenheit und auf unbekannten Wegen nach den Inseln gebracht worden, denn der Fürst von Korror trug auf der Schulter ein Beil mit eiserner Schneide, „worüber sich unsere Leute sehr wunderten, da man hierzulande gewöhnlich Stücken von Muscheln dazu braucht".[3]

Für die übrigen Karolinen lassen sich die ersten Decennien unseres Jahrhunderts als die Periode der Ausbreitung des Eisens bezeichnen. „Eiserne Beile galten zu unserer Zeit (1827) bei allen Karolinenbewohnern als das Wünschenswerteste, was sie bei uns erhalten konnten," schreibt v. KITTLITZ, der mit LÜTKE dort war. Auf Ualan fand derselbe Gewährsmann Muschelbeile noch allgemein im Gebrauche, doch waren einzelne eiserne Werkzeuge bereits vorhanden, die wahrscheinlich von dem französischen Schiffe Coquille stammten, dem Augenschein nach Hobeleisen, die man der passenden Form wegen gleich zu Beilen verwendete.[4] Der russische Reisende MIKLUCHO-MACLAY erfuhr auf Yap von einem 50jährigen

[1] GEORG FORSTER, Sämmtliche Schriften. I. 178. 147. 154.

[2] Das. I. 313.

[3] KEATE, Nachrichten von den Pelewinseln. Deutsch. Hamburg 1789. 46. 412. 74.

[4] v. KITTLITZ, Denkwürdigkeiten einer Reise etc. Gotha 1858. II. 2. I. 376.

Eingeborenen, daß zu dessen Jugendzeit schon vorwiegend eiserne Werkzeuge im Gebrauche gewesen seien — also in den dreißiger Jahren, während zur Jugendzeit des Vaters des Erzählers Steinbeile allgemein benutzt wurden.[1]

Die Schiffahrt erwies sich in Polynesien der Ausbreitung des Eisens ungemein günstig und war die Ursache, daß das nützliche Metall bald auf allen Inselgruppen bekannt war. Wir finden dagegen, daß in Ländern, wo unter den Bewohnern kein erleichterter Verkehr stattfand, der eine Teil derselben lange mit dem Eisen vertraut sein konnte, während der andere noch absolut im Steinzeitalter verharrte. Ein solches Land ist Neuguinea.

Seit altersher sind die Malayen mit der Darstellung des Eisens vertraut und durch ihre Handelszüge gelangte die Kunst, es zu gewinnen, zu den Papuas an der Westspitze von Neuguinea. Die Schmiede bilden dort eine bestimmte Zunft, die sich des Schweinefleisches enthält[2], ein Zeichen, daß mohamedanischer Einfluß bei ihnen wirksam war. Ein fernerer Beweis dafür, daß sie von den Malayen die Kunst, das Eisen zu verarbeiten, lernten, ist die Art ihrer Windpumpen, welche ganz die charakteristische Form haben, die von Madagaskar bis Neuguinea reicht. Während nun hier im Westen der Insel schon lange die Eisenindustrie sich entwickelt hatte, blieb das Metall im Osten derselben bis auf unsere Tage vollkommen unbekannt. Dr. Comrie, welcher 1874 auf dem „Basilisk“ das Ostkap Neuguineas besuchte, wo bis dahin die Eingeborenen noch keinerlei Verkehr mit den Europäern gehabt hatten, fand jene noch vollständig im Steinzeitalter. *"Iron up to our arrival being unknown."* Sie erkannten aber bald den Vorzug der europäischen Geräte und waren sehr begierig auf Eisen.[3] Eine Bestätigung erhalten wir durch den Italiener Beccari, der 1876 die Humboldtbai im Norden der Insel besuchte, die allerdings schon früher durch europäische Schiffe angelaufen war. Eiserne Geräte waren in den Augen der dortigen Papuas von höherem Werte, als in den unserigen Gold. „Ein einziges Stückchen Eisen, in eine rohe, doch für sie furchtbare Waffe geformt, genügte, um das Ansehen eines ganzen Stammes zu erhöhen.“[4]

In Neuguinea ist das letzte größere Land unserer Erde zu sehen, welches mit dem Eisen bekannt wurde, und mit dem in

[1] Archiv für Anthropologie. XI. 337.
[2] van Hasselt in Zeitschrift für Ethnologie. 1876. 171.
[3] Journ. Anthropol. Instit. VI. 111 (1871).
[4] Geograph. Magazine. 1876. 213.

unsere Zeit fallenden Vertrautwerden seiner Eingeborenen mit dem wertvollen Metalle findet die Verbreitung des Eisens über den Globus seinen Abschluß. Im tiefen vorgeschichtlichen Dunkel ruhen die Anfänge — den Abschluß können wir aber mit dem achten Jahrzehnt unseres Jahrhunderts genau bezeichnen. Wie Neuguinea, so verhalten sich auch die vorgelagerten, erst jetzt näher bekannt werdenden Inseln Neubritannien und Neuirland. WILFRED POWELL[1], der an der Spaciousbai auf Neubritannien Tauschhandel trieb, fand, daß dort die Eingeborenen die auf Neuguinea jetzt so geschätzten eisernen Hacken nicht kannten; sie kümmerten sich nicht um die ihnen gezeigten eisernen Beile, da sie selbst steinerne noch benutzten; nur nach Perlen und rotem Zeug stand ihr Verlangen.

Archaistische Formung der neuen Eisengeräte. Mit einer Übereinstimmung, die ein psychisches Gesetz offenbart, verfuhren überall die Südseeinsulaner mit dem ihnen neuen Metall in der ganz gleichen Weise. Sie behandelten dasselbe nämlich völlig nach Art ihrer alten Stein- und Muschelgeräte und formten es diesen gleich. Auf den Fidschiinseln bedient man sich jetzt zum Bearbeiten des Holzes ganz allgemein unserer europäischen Beile, die jedoch noch immer in der alten Weise, wie ehemals die Steinäxte, an den Stiel befestigt werden, nämlich die Schneide nicht, wie bei uns, parallel, sondern quer zum Griff.[2] MIKLUCHO-MACLAY sagt von den Yapern: „Charakteristisch ist, daß sie die neuen Eisenbeile, zu denen man Stahlmeißel benutzt, ganz so wie die alten Beile aus Stein oder Muscheln am Stiele befestigten“[3], und an der Ostspitze Neuguineas nahmen die Papuas das erste Eisen, welches sie erhielten, z. B. Stücke von Schaufeln, schärften es und *hafted it in the same way as their stone tools.*[4]

Dieses Verfahren läßt sich übrigens auch bei anderen Naturvölkern nachweisen, die zum erstenmale mit dem Eisen vertraut wurden. Die eisernen Pfeilspitzen auf den Andamanen werden jetzt genau so in der Form aus Eisen geschliffen, wie die alten aus Knochen und Schweinszähnen hergestellten, die man in den Küchenabfällen findet.[5] HANS STADEN aus Homberg in Hessen schildert

[1] Wanderings in a wild country. London 1883. 111.

[2] M. BUCHNER, Reise durch den Stillen Ozean. Breslau 1878. 237.

[3] Archiv f. Anthropol. XI. 337. [4] Journ. Anthropol. Instit. VI. 111.

[5] A. DE ROEPSTORFF in Zeitschr. d. Ges. für Erdkunde zu Berlin. 1879. 11. — MAN im Journ. Anthropol. Inst. XII. 379 giebt an, daß sie das Eisen zu diesem Zwecke kalt mit Steinen hämmern.

uns den Übergang der brasilianischen Tupis aus der Stein- in die Eisenzeit; er berichtet, wie sie vordem überall und zu seiner Zeit teilweise noch da, wo keine europäischen Schiffe hinkommen, Steingeräte hatten und zwar „ein Art schwarzblauer Stein, machen ihnen wie ein Keil und den breitesten Ort (des Steines) machen sie stumpf scharf, ist wohl einer Spannen lang, zweier Finger dick, einer Hand breit, etliche sein größer, etliche kleiner. Danach nehmen sie ein schmal reidelin (eine Gerte) und beugen es oben drum her, bindens mit Bast zusammen. Dieselbige Figur haben nun auch die eisern Keil, so ihnen die Christen geben auf etlichen Orten“.[1] Die eisernen Beile der Patagonier sind jetzt ganz nach Art der alten Steinäxte gestaltet und an die Handhabe befestigt.[2] Die eisernen Beile, welche die Konjagen in Nordwestamerika machten, wurden ganz nach dem Modelle der alten Steinwerkzeuge hergestellt.[3] Die gewöhnliche Axt der Grönländer besteht aus einem breiten Meißel in einer hölzernen Handhabe *apparently in the same way as the stone chisels from the prehistoric age have been fitted for use.*[4] Und so zeigten auch die Hallstätter prähistorischen Eisenwaffen die für Bronzewaffen charakteristischen Formen.[5] Wir haben selbst direkte Beweise dafür, daß in vorgeschichtlicher Zeit in der gleichen Weise beim Übergange vom Stein zum Metall verfahren wurde. Graf G. WURMBRAND hat bei den Funden in den Pfahlbauten des Attersees nachgewiesen, daß Lehmformen über Steinbeilen angefertigt und darin Metallbeile gegossen wurden.[6] Nach dem gleichen Gesetze haben sich bis zum heutigen Tage im Taunus Äxte, Meißel, Beile, Schlüssel bei der ländlichen Bevölkerung im Gebrauche erhalten, welche durch ihre Formen beweisen, daß sie nach römischen Mustern gearbeitet sind, da die Originale in den Funden des römischen Kastells Saalburg sich nachweisen lassen.[7]

Sprachliche Anpassung. Die Südseeinsulaner hatten sich zunächst auch sprachlich mit dem neuen Metalle auseinander zu setzen und es ist lehrreich, zu beachten, wie sie dabei verfuhren.

---

[1] HANS STADEN, Wahrhaftige Beschreibung etc. Kap. X der zweiten Abteilung. Marburg 1557.

[2] MUSTERS, Unter den Patagoniern. 180. Fig. 6.

[3] HOLMBERG, Völker des russischen Amerika. Helsingfors 1855. I. 101. Und so auch die benachbarten Thlinkithen. KRAUSE in Verhandlungen der Berl. Anthropol. Ges. 1883. 207.

[4] H. RINK, Danish Greenland. London 1877. 271.

[5] UNDSET, Eisen in Nordeuropa. 14. 333.

[6] Mitteil. Wiener Anthropol. Ges. V. 131.

[7] Korrespondenzblatt der deutschen anthropol. Ges. 1882. 225.

In fast allen den zahlreichen melanesischen Sprachen finden wir heute Wörter für Eisen[1], in denen wir aber weder einen Anklang an *iron, hierro,* noch an das malayische *besi* entdecken können und die auf anderweitigen, einheimischen und übertragenen Begriffen zu beruhen scheinen. Es läßt sich dieses wenigstens aus dem auf den Admiralitätsinseln für Eisen gebrauchten Worte *laban* schließen, das nicht etwa die Verstümmelung eines europäischen Wortes ist, welches den Eingeborenen bei dem Bekanntwerden mit dem Metalle übermittelt wurde, sondern das einheimische für Manganerz übliche, denn mit diesem pflegen sie ihren Körper zu schwärzen. Sie hatten für Eisen keine ähnliche Substanz und übertrugen daher diesen Namen auf dasselbe.[2]

Im westlichen Polynesien und östlichen Melanesien finden wir für Eisen ein Wort im Gebrauch, welches in den Wörterbüchern übereinstimmend als gleichwertig mit „Metall" gegeben wird, wie wohl Metalle den Südseeinsulanern unbekannt waren. Es lautet *ukamea* auf Tonga, *kaukamea* auf Fidschi, *hackoumea* auf der zu den Salomonen gehörigen Kokosinsel. Auf Samoa ist die Bezeichnung *uamea* und hier giebt das Lexikon[3] den Schlüssel, denn mit *uamea* bezeichnet man dort „alles, was gut ist". In dem neuseeländischen *rino* und dem auf Fidschi auch gebräuchlichen *aironi* ist unschwer das englische *iron* zu erkennen, wie das *auri* der Markesasinsulaner auf *hierro* zurückzuführen sein dürfte. Dann würde dieses Wort bis zum Jahre 1595 zurückreichen und entstanden sein, als damals ALVARO MENDANA die Inseln entdeckte.

Wirkungen des Eisens auf die Ozeanier. Die Wirkungen, welche die Einführung des neuen Metalles auf die Eingeborenen der Südsee hervorbrachte, sind keineswegs als günstige aufzufassen. Wie das Gold, wenn es einer Bevölkerung zuströmt, auch Laster im Gefolge hat, so das Eisen bei den Polynesiern. Für einen eisernen Nagel war den Maori Neuseelands die Keuschheit einer Frau feil und für eisernes Geräte boten die Männer ihre Töchter und Schwestern ohne Unterschied an. Wie die offen stehenden, riegellosen Häuser zeigten, kannten die Tahitier vor der Ankunft der Europäer den Diebstahl nicht: aber der verführerische Reiz des Eisens brachte sie dazu, daß sie dasselbe von den europäischen

---

[1] G. v. D. GABELENTZ und A. B. MEYER, Beiträge zur Kenntnis der melanesischen Sprachen. Leipzig 1882. No. 98.

[2] MOSELEY im Journ. Anthropol. Instit. VI. 395 (1877).

[3] VIOLETTE, Dictionnaire samoa-français. Paris 1880. s. v.

Schiffen stahlen.[1] Als die Südseeinsulaner noch in der Steinperiode standen, mußten sie mit ihren geringen Geräten verhältnismäßig hart arbeiten, um sich ihre Bedürfnisse zu erringen. Es verlangte Ausdauer und Zeit, um einen Baum mit einem Muschelbeil zu fällen, ein Kanoe mit einem Steine zu zimmern. Mit den Waffen und Beilen aus Stein und Fischknochen haben wir Europäer ihnen das einzige Mittel genommen, sich des schädlichen Einflusses ihrer natürlichen Faulheit zu erwehren: das Bewußtsein, leicht etwas erreichen zu können, ertötet nicht bloß bei Wilden die Begierde nach dem Besitz. „Das Eisen des Europäers folgte zu rasch auf den Stein des Wilden; so mußte notwendig das, was für sie angeblich ein Segen werden sollte, sie krank machen und hinsiechen lassen an Leib und Seele.“[2] Es ist das plötzliche Hereinbrechen der neuen Kultur, das Unvermittelte derselben, welches, mit dem Eisen eine gänzliche Umwälzung der Lebensgewohnheiten bringend, so gefährlich für die Südseeinsulaner wurde und nicht wenig dazu beitrug, daß sie in der bekannten Weise sich verminderten.

[1] G. Forster, Sämmtliche Schriften. I. 182. 183. 282.

[2] Semper, Die Palauinseln. Leipzig 1873. 355.

**du Bois-Reymond, Emil, Dr. Carl Sachs' Untersuchungen am Zitteraal** — Gymnotus electricus. — Nach seinem Tode bearbeitet. Mit zwei Abhandlungen von Gustav Fritsch. Mit 49 Abbildungen im Text und 7 Tafeln. Roy.-8. 1881. geh. *M* 26. —

**Fürst, Livius, Die Maass- und Neigungsverhältnisse des Beckens.** Nach Profil-Durchschnitten gefrorener Leichen. Mit 7 lithographirten Tafeln. 4. 1875. cart. *M* 10. —

**Groddeck, Albrecht von, Die Lehre von den Lagerstätten der Erze.** Ein Zweig der Geologie. Mit 119 Abbildungen in Holzschnitt. gr. 8. 1879. geh. *M* 8. —

**Hartmann, Robert, Der Gorilla.** Zoologisch-zootomische Untersuchungen. Mit XIII in den Text gedruckten Holzschnitten und XXI Tafeln. 4. 1880. geh. *M* 30.—

**Hoernes, R., Elemente der Palaeontologie.** Mit gegen 700 in den Text eingedruckten Holzschnitten. gr. 8. 1884. geh. ca. *M* 14. —

**Magnus, Hugo, Die Anatomie des Auges** bei den Griechen und Römern. gr. 8. 1878. geh. *M* 2.40

—— **Die geschichtliche Entwickelung des Farbensinnes.** gr. 8. 1877. geh. *M* 1.40

—— **Geschichte des grauen Staares.** Mit 1 lithographirten Tafel. gr. 8. 1876. geh. *M* 8.—

**Ploss, H. H., Ueber die Lage und Stellung der Frau während der Geburt bei verschiedenen Völkern.** Eine anthropologische Studie. Mit 6 Holzschnitten. gr. 8. 1872. geh. *M* 1.50

—— **Zur Geschichte, Verbreitung und Methodik der Fruchtabtreibung.** Culturgesch.-mediz. Skizze. gr. 8. 1883. geh. *M* 1.40

**Ribot, Th., Die Erblichkeit.** Eine psychologische Untersuchung ihrer Erscheinungen, Gesetze, Ursachen und Folgen. Deutsch von Dr. med. Otto Hotzen. gr. 8. 1876. geh. *M* 7.—

Eine umfassende Darstellung und Verarbeitung der wichtigsten über die Vererbung bekannten Thatsachen. Die körperliche Vererbung wird als Grundlage des ganzen Gebietes in der Einleitung behandelt, das Werk selbst ist dagegen hauptsächlich den hierher gehörigen psychologischen Erscheinungen gewidmet. Der erste Abschnitt enthält eine Zusammenstellung des Thatsächlichen, der zweite die Gesetze der Vererbung, der dritte deren Ursachen und der vierte deren Folgen.

**Stannius, H., Handbuch der Anatomie der Wirbelthiere.** Zweite Aufl.

Erstes Heft: Zootomie der Fische. gr. 8. 1854. geh. *M* 6.—

Zweites Heft: Zootomie der Amphibien. gr. 8. 1856. geh. *M* 6. —

Druck von Metzger & Wittig in Leipzig.

FSC
www.fsc.org
MIX
Papier | Fördert
gute Waldnutzung
FSC® C083411

Kolibri 360 GmbH
Ferdinand-Jühlke-Straße 7
99095 Erfurt, Deutschland
produktsicherheit@kolibri360.de